建筑消防给水和自喷灭火系统
应用技术分析

何以申　著

同济大学 出版社
TONGJI UNIVERSITY PRESS

内 容 提 要

　　本书结合相关标准介绍建筑消防给水和自动喷水灭火系统的基础知识,对系统启动、供水的可靠性以及相应的检测方法等内容进行分析论证和探讨,可供消防业界科研、设计、施工、教学等单位以及监督机构的工程技术人员参考。

图书在版编目(CIP)数据

　　建筑消防给水和自喷灭火系统应用技术分析 / 何以申著. —上海：同济大学出版社,2019.12
　　ISBN 978-7-5608-8870-5

　　Ⅰ.①建… Ⅱ.①何… Ⅲ.①建筑物-消防给水系统②建筑物-消防设备 Ⅳ.①TU998.13②TU892

　　中国版本图书馆 CIP 数据核字(2019)第 270713 号

建筑消防给水和自喷灭火系统应用技术分析
何以申 著

责任编辑	李　杰	**责任校对**	徐春莲	**封面设计**	陈益平

出版发行　同济大学出版社　　　www.tongjipress.com.cn
　　　　　(地址：上海市四平路 1239 号　邮编：200092　电话：021-65985622)
经　　销　全国各地新华书店、建筑书店、网络书店
排　　版　南京月叶图文制作有限公司
印　　刷　常熟市华顺印刷有限公司
开　　本　710mm×960mm　　1/16
印　　张　11
字　　数　220 000
版　　次　2019 年 12 月第 1 版　　2019 年 12 月第 1 次印刷
书　　号　ISBN 978-7-5608-8870-5

定　　价　45.00 元

前　　言

　　水是最常用的灭火剂，建筑消防给水系统和自动喷水灭火系统是工业与民用建筑中广泛应用的固定消防设施，承担扑救建筑火灾的重要职责。随着城市精细化管理要求的不断提高，消防设施的设计、施工及维护的技术与管理水平亦应与时俱进，相应提高。

　　本书为消防应用技术的专门读物，主要介绍了建筑消防给水系统和自动喷水灭火系统的基本概念、工作原理、结构和组件、启动和操作以及工程设计和相关标准规范等内容，并结合笔者在相关科研领域中对上述技术内涵的认识和理解，对系统确保可靠启动、供水和实现预期功能的技术措施以及相应的检测方法进行了分析论证和探讨。

　　本书可供消防业界科研、设计、施工、教学等单位以及监督机构的工程技术人员参考。

　　限于笔者的水平和能力，不当之处在所难免，欢迎读者批评指正。

何以申

2019 年 8 月

目　　录

1　建筑消防给水系统

1.1　分类

　　水是最常用的灭火剂,具有适用范围广、灭火效果好、容易获取、价格低廉、对环境污染小等优点。

　　采用水作灭火剂的固定灭火设施包括室内消火栓、自动喷水灭火系统等。用水作灭火剂的固定灭火设施亦可称为"水基灭火系统"。按照我国消防标准的有关规定,水基灭火系统除了采用水作灭火剂的灭火设施外,还有采用泡沫灭火剂的泡沫灭火系统,并且均应配置消防给水系统。

　　我国执行多年的《建筑设计防火规范》(GB 50016)(以下简称《建规》)、《高层民用建筑设计防火规范》(GB 50045)(以下简称《高规》),以及现行的《消防给水及消火栓系统技术规范》(GB 50974)《石油化工企业设计防火规范》(GB 50160)《火力发电厂与变电站设计防火规范》(GB 50229)等工业与民用建筑的防火设计规范,均对消防给水系统的设置作出了具体规定。

　　现行的新编《建规》涵盖了原《建规》和原《高规》的内容,原《建规》和原《高规》中的"消防给水和灭火设备"章节中关于消防给水系统、室内外消火栓系统设计的要求,已纳入新编的《消防给水及消火栓系统技术规范》(以下简称《消防给水及消火栓规范》)。

　　我国规范将消防给水系统分为高压消防给水系统(又称"常高压消防供水系统")、临时高压消防给水系统和低压消防给水系统三种。

　　上海市地方标准《民用建筑水灭火系统设计规程》(DGJ 08-94-2007)(以下简称《上海规程》)、国家规范《石油化工企业设计防火规范》等标准,提出了"稳高压消防给水系统"的概念。

　　各类消防给水系统在名称中采用的"高压"一词,是专用于消防给水技术的术语,是将"能够向供水最不利区域输送灭火系统的设计流量,并在最不利区域内同时启用的出水组件数量达到限定值时,仍能保持各个出水组件的工作压力均达到设定值的供水压力"称为"高压"。此"高压"的含义不同于制造等行业关于压力等级分类中的"高压"一词。

高压消防给水系统、临时高压消防给水系统以及稳高压消防给水系统,用于为室内消火栓系统、自动喷水灭火系统和泡沫灭火系统供水。为市政消火栓供水的市政给水系统,属于低压消防给水系统。当生产、生活和消防用水量达到最大时,市政消火栓的出水压力不得低于 10 mH$_2$O。

1.2　基本要求

原《建规》在 TJ16—74 版本中规定:

在进行城市规划和建筑设计时,必须同时设计消防给水。

消防给水管道可采用高压给水系统或低压给水系统,如采用高压给水系统,管道的压力应保证当消防用水量达到最大且水枪布置在任何建筑的最高处时,水枪充实水柱仍不小于 10 m。

建筑物中除设有室内消火栓外,还设有直接由室外消防给水管道供水的自动喷水设备时,其消防用水量在消防水泵开动前的 10 min 内不应小于 15 L/s,其中 10 L/s 供自动喷水设备用,其余的供室内消火栓用。

室内消防水箱(包括水塔)应储存 10 min 的室内消防用水量。消防水箱如不能满足最不利点消火栓的水压,应设固定消防水泵。如设气压水罐,应保证消防用水的水量和水压。

消防水泵应保证在火警后 5 min 内开始工作,并在火场断电时仍能正常运转。

固定消防水泵应设置备用泵。

以上规定的现实意义:

(1)消防给水系统中术语"高压"的含义,应符合"在保证最大消防用水量的同时,保证供水最不利点消火栓连接的水枪的充实水柱长度达到 10 m"的要求;

(2)设有室内消火栓与自动喷水灭火系统的建筑物,稳压设施可采用直接为自动喷水设备和室内消火栓供应消防用水的室外消防给水管道;

2

（3）消防供水泵投入运行前，室外消防给水管道等自动供水的稳压设备，应保证能为自动喷水灭火系统和室内消火栓供应消防用水；

（4）稳压设施采用高位消防水箱时，消防水箱应能供应 10 min 室内消防用水量；

（5）替代室内消防水箱的气压水罐，应符合消防水箱的供水能力；

（6）稳压设施不能在保证最不利点及其他同时启用出水组件工作压力的条件下持续供应室内消防用水量时，应设固定消防供水泵；

（7）消防供水泵应在火警后 5 min 内投入运行，并应设有备用泵和备用动力。

1.3　基本参数

灭火系统中用于喷射灭火水量的消火栓和喷洒灭火水量的喷头，本书统称为"出水组件"。

衡量消防给水系统供水性能的参数包括：供水流量、供水压力、持续供水时间及总供水量等。

与自动喷水灭火系统配套的消防给水系统，应在自动喷水灭火系统启用喷头灭火时，立即向启用的喷头按其预先选定的应用压力持续供水。

与室内消火栓配套的消防给水系统，应在操作人员完成铺设水带、启动供水泵、启用消火栓并操控水枪灭火时，按预先选定的应用压力（栓口出水压力）向启用的消火栓持续供水。

1. 供水流量

消防给水系统的供水流量，应按配套灭火系统的流量确定。灭火系统的流量应根据设置场所采用的出水组件及其相应的应用压力、供水最不利区域（自动喷水灭火系统称为"最不利作用面积"）所在的位置以及供水最不利区域内出水组件的数量等条件设定。消防给水系统的设计供水流量，应按配套灭火系统的设计流量确定。消防给水系统的阶段性供水流量，应按配套灭火系统在特定灭火阶段所需要的流量确定，供水压力则应根据向供水最不利区域输送供水流量所需要的压力确定。消防给水系统的持续供水时间，应按灭火条件下的火灾延续时间确定。总供水量则应按不低于设计流量与其相应的持续供水时间的乘积确定。

消防给水系统向其供水范围内输送消防用水最困难的区域,应被确定为供水最不利区域,通常位于消防给水系统供水范围内的最高处或最远处,并应包含给定数量的出水组件。其中的供水最不利点,也就是管网控制点,应是出水组件的应用压力、输送供水流量时的总水头损失以及供水点与最不利点之间的高程差形成的液重压力三项数据叠加后数值最大的出水点。

工程设计应根据给定场所的类别及其空间条件、环境条件、火灾特性、灭火难度、选用的灭火系统等因素,确定出水组件的选型、相应的应用压力以及同时启用的出水组件数量,在确定供水最不利点以及其他同时启用的出水组件的位置后,按公式(1)计算灭火系统的流量,并同时确定为消防给水系统的供水流量:

$$Q = \sum_{i=1}^{n} q_i \qquad (1)$$

式中　Q——消防给水系统的供水流量(L/s),应按供水最不利区域内给定数量的出水组件同时启用时,各个出水组件的流量之和确定;

　　　n——同时启用的出水组件数量;

　　　q_i——出水组件在工作压力下的出水流量(L/s),按公式(2)计算:

$$q_i = k\sqrt{\frac{p_i}{98}} \qquad (2)$$

式中　k——出水组件的流量系数;

　　　p_i——出水组件的工作压力(kPa)。

最不利点出水组件的工作压力,应按给定场所的应用压力确定;其他同时启用的出水组件的工作压力,应按其所在水力节点的计算压力确定。

2. 供水压力

自动喷水灭火系统中最不利点喷头的工作压力,应按喷头的选型以及选定喷头在给定场所中的应用压力确定。最不利点消火栓的工作压力,应是消火栓的栓口出水压力,应按19 mm喷嘴等给定口径水枪在指定应用场所中使用时给定的充实水柱长度确定。

从启动初期直至达到最大灭火能力,灭火系统在不同灭火阶段同时启用的出水组件的数量并不相同,因此需要的供水流量也不同。以灭火初期和因消防供水泵失效而等待增援供水期间,在供水最不利区域内同时启用一部分出水组件为特定条件确定的供水流量,应确定为灭火系统及消防给水系统的阶段性流量。以供水最不利区域内所有出水组件同时启用为条件确定的供水流量,既是灭火系统的设计流量,同时也是消防给水系统的设计供水流量。确定消防给水系统的供水流量后,应计算确定向最不利区域输送供水流量的供水压力。

供水压力应既能为灭火系统输送供水流量,又能确保按给定数量及位置并同时启用的出水组件的工作压力均不低于应用压力。

枝状给水管网供水压力的水力计算应按下列步骤进行:确定输水能力;确定输水管道的管径。

按公式(3)计算确定供水压力:

$$P = p_y + I + 0.009\,8H \tag{3}$$

式中　P ——供水压力(MPa),用于确定水塔、水箱等重力供水设施的设置高度或水泵的扬程。

　　　p_y ——给定应用场所供水最不利点出水组件的应用压力(MPa),即管网控制点用水器具要求的最小工作压力。

　　　I ——从供水点到供水最不利点出水组件的总水头损失(MPa),应按向最不利区域输送供水流量时的沿程水头损失与局部水头损失之和确定。

　　　H ——供水点与供水最不利点出水组件之间的高程差(m),$0.009\,8H$ 为水的液重压力(MPa)。向供水点上方供水时,H 取正值,反之取负值。

此类计算,应从管网末端,也就是最不利点出水组件开始,向供水点方向逐步计算各管段的流量,并宜采用经济流速(DN100～DN400 管道的经济流速为0.6～1.0 m/s)计算各管段的管径及水头损失,最终计算出自供水点至最不利点出水组件的总水头损失,再结合最不利点出水组件选定的应用压力(即最低工作压力)以及输送供水的高程差,求得水箱(水塔)的设置高度或水泵的扬程。

供应灭火系统设计流量的供水设施,应按设计供水流量确定供水压力;供应阶段性灭火流量的供水设施,应按阶段性供水流量确定供水压力。

依据水力学理论,静水压强为

$$p = p_0 + \gamma h \tag{4}$$

式中　p ——静水压强;

p_0 ——表面压强;

γh ——液重压强,其中 γ 为液体重度,h 为任意点在自由液面以下的淹没深度。

公式(4)表明:流体中任意点的静水压强(p)由两个独立的部分组成:一部分是自由液面上的表面压强(p_0),另一部分是液重压强(γh)。当自由液面与大气相通时,p_0 为大气压强;液重压强则为单位截面面积上的液柱重量。

静水压强的计量单位有以下几种:

法定单位为 N/m² 或 Pa,1 Pa＝1 N/m² 或 1 Pa＝10^{-5} bar。

液柱高度单位为米水柱(mH_2O)或毫米汞柱(mmHg),不同液柱高度的换算:$h_2 = \rho_1 h_1 / \rho_2$,其中 h_i 为液柱高度,ρ_i 为液体密度。

大气压单位:1 标准大气压(atm)＝1.013 25 bar＝1.013 25×10^5 Pa＝760 mmHg＝1.033 kgf/cm²。

为了计算方便,可以认为 1 atm＝10^5 Pa＝1 bar。

绝对压强:以设想的没有气体存在的完全真空作为零点计算的压强,用符号 p_{abs} 表示。

相对压强:在实际工程中,水流表面或建筑物表面多为当地大气压(p_a),以当地大气压为零点计算的压强称为相对压强,用符号 p 表示,也称表压强,简称"表压"。

相对压强与绝对压强之间的关系:

$$p = p_{abs} - p_a \tag{5}$$

工程上使用的测压仪表在当地大气压下的读数为零,所以测压时仪表上的读数是以当地大气压为计算标准的水的表压,即

$$p = \gamma h \tag{6}$$

表 1　压强单位及其换算关系

帕 /Pa	工程大气压 /(kgf·cm^{-2})	大气压 /bar	标准大气压 /atm	毫米汞柱 /mmHg	米水柱 /mH$_2$O
1	1.02×10^{-5}	10^{-5}	0.987×10^{-5}	750×10^{-5}	10.2×10^{-5}
0.981×10^5	1	0.981	0.968	735	10

6

帕 /Pa	工程大气压 /(kgf·cm⁻²)	大气压 /bar	标准大气压 /atm	毫米汞柱 /mmHg	米水柱 /mH₂O
10^5	1.02	1	0.987	750	10.2
1.013×10^5	1.033	1.013	1	760	10.33
133	0.001 36	0.001 33	0.001 32	1	0.013 6
9 810	0.1	0.098 1	0.096 8	73.5	1

例如,淡水自由液面下 2 m 深处的绝对压强为

$$
\begin{aligned}
p_{abs} &= p_0 + \gamma h = p_a + \gamma h \\
&= 98\ 000\ \text{N/m}^2 + 2 \times 9\ 800\ \text{N/m}^2 \\
&= 117.6\ \text{kPa} \\
&= 1.2\ \text{kgf/cm}^2 \\
&= 12\ \text{mH}_2\text{O}
\end{aligned}
$$

相对压强为

$$
\begin{aligned}
p &= p_{abs} - p_a = \gamma h \\
&= 2 \times 9\ 800\ \text{N/m}^2 \\
&= 19.6\ \text{kN/m}^2 = 19.6\ \text{kPa} \\
&= 0.2\ \text{kgf/cm}^2 \\
&= 2\ \text{mH}_2\text{O}
\end{aligned}
$$

流动液体中任意点上的压强称为动水压强。均匀流和渐变流的动水压强具有与静水压强相同的特性,致使运动流体和静止流体均存在"静压"概念。流动状态下的流体压强分为总压和静压,总压与静压的差值称为动压,或称速度压强。

运动流体静压的测量分为两种情况:一种是流道壁面静压或流线体表面压强分布的测量,另一种是运动流体中静压和静压分布的测量。

流道壁面静压的测量方法:在流道壁面开静压孔,并在静压孔安装压力表等压力传感器,测量某定点处的静压。

水在管道内满管流动的水力现象称为有压管流。管道内充满水,没有自由水面存在的称为有压管道。工程上通常采用弹簧管压力表测量有压管道中任意

断面处水流的静压。管道压力采用"表压"表示。

有压管道是输水系统的重要组成部分,管道内充水在压力作用下流动。有压管道内的充水处于静止状态时,水的流速为零,速度压力即动压为零,因此,静水压力既是全压,也是静压。管道内的充水流动时,测点处的动水压力不再等于静水压力,而是等于测点处全压与动压(速度压力)之差。

由于实际液体存在黏滞性,使液体在流动过程中,要消耗一部分能量用于克服摩擦力而做功,因此,液体的机械能会沿程减少,两个过流断面之间存在的能量损失称为水头损失。

当有压管道内的充水处于静止状态时,水平管道上不同测点处压力表显示相同的读数,表明水平管道上各测点处管道内水的静压相等。管道内充水由静止转换为流动状态时,水平管道上不同测点处压力表显示的读数不再相等,说明各测点处管道内水流的静压不等,并且随水流方向逐渐下降。当等径管道内充水保持稳定的流速时,水流的动压和单位长度的水头损失保持恒定,但不同测点的压力表显示的静压不同,测点处的静压等于静水压力与供水点至测点处的水头损失之差,也就是供水压力克服输水管道摩擦阻力后的"剩余压力"。水平管道上两相邻测点处压力表显示的压力差等于两测点之间的水头损失。

在水平管段上设置孔板时,管道内充水处于静止状态时,孔板两侧压力表显示相等的静压;当管道内的充水流动时,孔板两侧压力表显示的静压不等,二者之间的压力差便是水流通过孔板时的局部水头损失。

有压管道中水流的点速度可采用毕托管测量。有压管道内水的流量通常采用流量计测量,根据测取的体积流量及测点处管道的内径,确定测点处水流的平均速度。

给水系统中的供水设备通常包括高位水箱、水泵和气压给水设备等。

(1)高位水箱

高位水箱(池、罐)等重力供水设施属于自动供水源,依靠高位水箱与出水组件之间高程差形成的水的液重压强供水(图1)。

高位消防水箱等重力供水设施的最低供水压力以及相应的最低供水水位,应按公式(7)计算:

$$P = 0.009\,8H = p_y + I \tag{7}$$

式中 P——供水设施的最低供水压力（MPa）；

　　H——重力供水设施最低供水水位与最不利出水组件之间的高程差（m）。

　　由重力供水设施供水或稳压的灭火系统，稳压状态下重力供水设施应处于最高水位，由于稳压状态下没有出水组件启用，因此，系统处于零流量状态，水头损失为零，重力供水设施最高水位与最不利点出水组件入口处压力表之间的高程差为 $H+h$，最不利点出水组件入口处压力表显示的静水压力 $P=0.0098(H+h)$。

　　当启用最不利点出水组件时，最不利点出水组件的工作压力等于高位水箱的供水压力与自供水点至最不利点出水组件输送供水流量的水头损失之差。

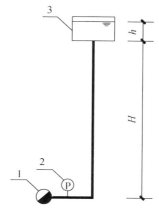

1—消火栓；2—压力表；3—高位水箱。

图1　高位水箱供水示意图

　　重力供水设施在供水水位下降至最低供水水位之前，应能为灭火系统输送设定的供水流量，使供水最不利区域内给定数量的同时启用的出水组件始终保持设定的工作压力。

　　（2）水泵

　　采用水泵向用水设施供水时（图2），水泵出口压力应按公式（8）确定：

$$P=P_b+0.0098H=p_y+I \tag{8}$$

式中 P_b——水泵出口压力（MPa）；

　　H——水泵出口与最不利出水组件之间的高程差（m）。

　　当用水设施处于水泵上方时，水泵的出口压力必须克服水的液重压力，因此水的液重压力应取负值。当用水设施处于水泵下方时，水的液重压力应取正值。

　　设置在低位的水泵运行时，若用水设施关闭，则用水设施入口压力表显示的静水压力为水泵对用水设施的供水压力，等于水泵出口压力与水的液重压力之差。启用用水设施后，用水设施入口压力表的读数，等于水泵出口压力与水的液重压力以及供水流量下的水头损失之差。

　　设置在高位的水泵运行时，若用水设施关闭，则用水设施入口压力表的读数，等于水泵出口压力与水的液重压力之和。启用用水设施后，用水设施入口压

9

力表的读数,等于水泵出口压力和水的液重压力叠加后的压力与自水泵出口至测点处输送供水流量的水头损失之差。

消防供水泵用于输送消防给水系统设计流量,应按系统设计流量确定出口压力。

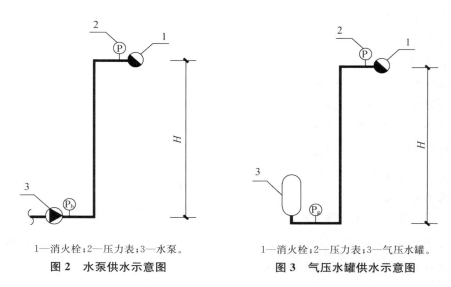

1—消火栓;2—压力表;3—水泵。
图2 水泵供水示意图

1—消火栓;2—压力表;3—气压水罐。
图3 气压水罐供水示意图

(3) 气压给水设备

气压给水设备供水时,气压水罐出水口压力表显示气压水罐出水压力,用水设备入口压力应是气压给水设备的给水压力。气压水罐供水示意图见图3。

气压水罐最低工作压力应按公式(9)计算:

$$P = P_q + 0.009\,8H = p_y + I \tag{9}$$

式中 P_q ——气压水罐最低工作压力(MPa);

H ——气压水罐出水口与最不利点出水组件之间的高程差(m)。

高位设置的气压水罐,在系统处于零流量状态时,最不利点出水组件入口的静水压力应等于 $P_q + 0.009\,8H$。启用出水组件后,其入口压力为气压给水设备的给水压力,等于气压水罐出水压力和水的液重压力叠加后的压力与自气压水罐出水口输送供水流量至用水设施入口的水头损失之差。

低位设置的气压水罐,系统处于零流量状态时,出水组件入口处静水压力等于 $P_q - 0.009\,8H$。启用出水组件后,气压给水设备的给水压力,等于气压水罐出水压力与水的液重压力以及自气压水罐出水口至出水组件入口的水头损失之差。

气压给水设备在供水水位下降至最低供水水位之前,应能为灭火系统输送设定的供水流量,应能使供水最不利区域内给定数量的同时启用的出水组件始终不低于设定的工作压力。

原《自动喷水灭火系统设计规范》(GB 50084)规定按公式(10)计算管道水头损失:

$$i = 0.000\,010\,7 \times \frac{v^2}{d_j^{1.3}} \tag{10}$$

式中 i ——单位长度管道的水头损失(MPa/m);

   v ——管道内水的平均流速(m/s),应按相应的供水流量确定;

   d_j ——管道的计算内径(m)。

现行《自动喷水灭火系统设计规范》规定按公式(11)计算管道沿程水头损失:

$$i = 6.05 \times \frac{q_g^{1.85}}{C_h^{1.85} \times d_j^{4.87}} \times 10^7 \tag{11}$$

式中 q_g ——管道流量(L/min);

   C_h ——海澄-威廉系数,镀锌钢管取值120。

输水管道的水头损失与管道内壁的粗糙度、管道内水的流速有关。等径管段的水头损失等于单位长度管段的水头损失与管段长度的乘积。

工程设计中应采取优化供水管道布置及节流减压等尽量平衡供水区域内出水组件工作压力的措施,缩小供水有利位置与供水不利位置之间供水压力及供水流量的差异。

3. 持续供水时间

消防给水系统的持续供水时间是指消防给水系统应向灭火系统不间断持续输送设计流量的时间,也就是灭火系统按供水设计流量持续灭火的时间。室内消火栓系统的持续供水时间,按给定场所在采用室内消火栓灭火条件下的"火灾延续时间"确定。按照相关规范的解释,火灾延续时间是指"自消防车到达火场后开始出水的时间算起,直至火灾被基本扑灭为止的一段时间"。自动喷水灭火系统的持续供水时间,则指自开始启用喷头喷水,直至火灾被限制在一定范围内并基本扑灭所需要的时间。

4. 总供水量

消防给水系统的总供水量应按公式(12)计算：

$$Q_0 = Qt \qquad (12)$$

式中　Q_0——消防给水系统的总供水量(m^3)；

　　　Q——消防给水系统的供水流量(m^3/h)；

　　　t——持续供水时间(h)。

消防给水系统储水设施的储水量应按公式(13)确定：

$$Q_1 = Q_0 - Q_2 \qquad (13)$$

式中　Q_1——消防给水系统储水设施的储水量(m^3)；

　　　Q_2——持续供水时间内储水设施的自动补水量(m^3)。

储水设施的自动补水量按公式(14)确定：

$$Q_2 = q_b t \qquad (14)$$

式中　q_b——储水设施在持续供水时间内的自动补水流量(L/s)。

1.4　高压消防给水系统

原《建规》提出的概念：管网内经常保持足够的压力，火场上不需使用消防车或移动式水泵加压，而直接由消火栓接出水带、水枪灭火。

原《高规》提出的概念：管网内经常保持满足灭火时所需的压力和流量，扑救火灾时，不需启动消防水泵加压而直接使用灭火设备进行灭火。

《消防给水及消火栓规范》在术语中提出的概念：能始终保持水灭火设施所需的工作压力和流量，火灾时无须消防水泵加压的供水系统。

依据上述规范提出的概念，总结高压消防给水系统(也称"常高压消防给水系统"，以下简称"高压给水系统")的特点如下：

（1）主要由高压供水源和供水管道等组成，高压供水源集储水、稳压、自动供水等功能为一体，无须设置为系统充水、保压的稳压设施，也不需设置加压供水的供水泵；

（2）平时始终能够自动保持"高压"供水能力；

（3）可在灭火系统启动后立即向限定数量的同时启用出水组件自动按"高压"状态供水，并在设定的持续供水时间内，始终保持"高压"供水状态。

因此，对于采用重力供水设施的高压给水系统，处于最低供水水位时的供水压力，应按公式（7）确定。

供水能力符合"高压"供水条件的重力供水设施属于典型的高压供水设施。

若高峰用水量条件下的低谷供水压力仍能符合"高压"供水压力要求的市政给水设施等其他给水设施，也应属于高压供水设施。

在不采取加压措施的条件下，便可在特定的灭火阶段内为灭火系统按设定流量持续稳定供水的消防给水设施，可视为阶段性高压给水设施。

高位消防水箱、气压给水设备、市政给水设施等供水设施，虽然不具备为灭火系统提供输送设计流量的供水压力及持续供水时间，但在初期火灾阶段或者等待消防队增援供水期间，能够为灭火系统提供所需阶段性灭火流量及相应供水压力并且储水量符合持续供水时间的供水设施，可归类为能够在特定灭火阶段为灭火系统提供所需消防用水量的阶段性高压供水设施。

1.5　临时高压消防给水系统

建筑工程大量采用临时高压消防给水系统（以下简称"临时高压给水系统"，见图 4）。消防技术规范提出的临时高压给水系统的概念如下：

原《建规》：在临时高压给水管道内，平时水压不高，在水泵站（房）内设有高压消防水泵，当接到火警后，高压消防水泵开启，使管网内的压力达到高压给水管道的压力要求。

原《高规》：管网内最不利点周围平时水压和流量不满足灭火的需要，在水泵站（房）内设有消防水泵，在火灾时启动消防水泵，使管网内的压力和流量达到灭火时的要求。

《上海规程》：消防给水管网中平时最不利点的水压和流量不能满足灭火时的需要，系统中设有消防泵的消防给水系统。在灭火时启动消防泵，使管网中最不利点的水压和流量达到灭火的要求。

《消防给水及消火栓规范》在术语中再次界定的概念：平时不能满足灭火设

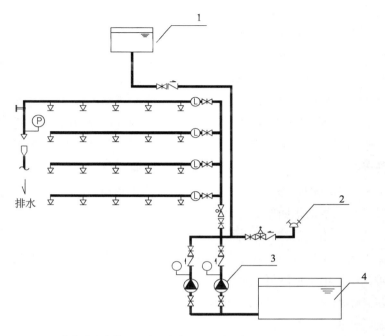

1—高位消防水箱；2—水泵接合器；3—消防供水泵；4—消防水池。

图4 临时高压给水系统示意图

施所需的工作压力和流量，火灾时能自动启动消防水泵以满足灭火设施所需的工作压力和流量的供水系统。

根据上述概念，临时高压给水系统的组成及特点如下：

（1）必须设供水泵和水源（一般采用消防水池等储水设施），以及稳压设施和水泵接合器；

（2）由供水泵建立"高压"供水状态；

（3）"高压"供水状态的建立存在滞后时间；

（4）平时由稳压设施为供水及灭火系统充满水或保持设定的稳压压力；

（5）具备阶段性供水能力的稳压设施，可消除系统的滞后供水现象；

（6）水泵接合器用于为灭火系统增援供水。

根据上述特点，凡设有消防供水泵，并由消防供水泵为灭火系统提供输送灭火设计流量所需供水压力的消防给水系统，都应归为临时高压给水系统。

为了尽快建立"高压"供水状态，临时高压给水系统处于备用状态时必须充满水或保持一定压力。

消防供水泵的启动程序：建（构）筑物发生火灾—自动或人为确认火灾—自动或人为输出"确认火灾"信号—以自动控制或手动远程控制方式启动消防供水泵—消防供水泵投入运行—建立为灭火系统输送设计流量的高压供水状态。

临时高压给水系统自身并不具备确认火灾的能力，消防供水泵只能在接收来自消防给水系统之外，由火灾自动报警系统、自动喷水灭火系统、人为撤动室内消火栓箱的启泵按钮或火灾自动报警系统的报警按钮、人为启用消火栓等方式输入的"确认火灾"信号后启动。

消防供水泵应具备"自动控制""手动远程控制"以及在水泵房现场"应急操作"三种启动方式。为了迅速建立高压供水状态，应在接收"确认火灾"信号后采取"自动控制"方式启动消防供水泵。

由于从自动或人为确认火灾开始，到自动或人为输出确认火灾信号，再到消防供水泵启动并投入运行，需要一定时间，致使消防供水泵建立的高压供水状态存在滞后供水现象，高压供水的滞后时间等于自确认火灾至消防供水泵投入运行之间的时间差。

在目前尚不能完全消除消防供水泵突发故障的技术状况下，如果消防供水泵在启动过程中突发故障，需要切换启动备用泵或切换备用动力后重新启动供水泵，这将会使高压供水的滞后时间进一步增大。

在高压供水的滞后时间内，灭火系统会由于缺水而产生滞后灭火现象。在滞后灭火时间内，火灾将得到进一步发展蔓延的机会，使灭火系统进入工作状态时面对的火灾规模和灭火难度增大。如果稳压设施能够立即为启动的灭火系统供应其当时所需要的工作压力，将能消除滞后供水时间，充分发挥灭火系统扑救初期火灾的作用。

一般情况下，当自动喷水灭火系统中的闭式喷头被火灾驱动或火灾自动报警系统输出"确认火灾"信号时，火灾尚处于初期阶段，需要灭火系统投入扑救初期火灾的灭火能力，稳压设施应按灭火系统的需求确定相应的供水能力。

为此，具备初期供水能力的临时高压给水系统，应按灭火系统扑救设置场所初期火灾所需要的灭火能力，确定稳压设施的供水能力以及系统稳压时的稳压压力。

对于仅能满足灭火系统扑救初期火灾的消防用水量的稳压设施，当消防供水泵因突发故障而不能及时投入运行时,临时高压给水系统将会在耗尽稳压设施的消防储水量后失去消防供水能力,只有在消防供水泵排除故障后恢复供水或消防队增援供水的条件下,才能重新发挥消防供水的作用。

如果稳压设施能够在消防供水泵启动失败时,具备继续为灭火系统提供其当时所需流量的供水能力,便可最大限度地降低灭火系统突发缺水或断水故障的风险。

为此,具备应急供水能力的临时高压给水系统,应以供水泵未能按时投入运行时灭火系统的需要,确定稳压设施的供水能力以及系统稳压时的压力。

对于稳压设施不符合初期供水要求的临时高压给水系统,自灭火系统启动至消防供水泵投入运行的时间段内,不能确保灭火系统启动初期所需要的供水状态,只能在消防供水泵投入运行后建立输送灭火系统设计流量的供水状态。对于不具备应急供水能力的临时高压给水系统,一旦消防供水泵因突发故障而不能及时投入正常运行,将不能建立输送灭火系统设计流量的供水状态,只能等待救援消防队到位后,通过水泵接合器为灭火系统增援供水。

由此可见,稳压设施是临时高压给水系统的重要组成部分,优化配置的稳压设施,可在启动消防供水泵期间提供扑救初期火灾所需灭火流量的供水压力,在消防供水泵启动失败时提供等待增援供水期间所需灭火流量的供水压力。临时高压给水系统的稳压设施,一般采用高位消防水箱或气压给水设备。

影响临时高压给水系统工作效能的主要因素:①确认火灾的方式及时间;②输出"确认火灾"信号的方式及时间;③消防供水泵及其动力的配置;④消防供水泵的启动方式;⑤稳压设施的配置;等等。

1.6　消防供水泵

消防供水泵是临时高压给水系统的关键组件,应符合下列要求:①能在预定的时间内完成启动;②具备向供水最不利区域输送灭火系统设计流量的供水能力;③能在最不利区域内出水组件同时启用时,确保所有出水组件均能达到设定的工作压力。

为此,消防供水泵的选型,应按向供水最不利区域输送灭火系统设计流量及相应的供水压力确定,并应配备备用泵和备用动力,采取可靠的启动方式。

1.6.1 关于消防供水泵启动时间的规定

现行《消防给水及消火栓规范》关于启动消防供水泵的规定如下：

（1）消防供水泵应具备自动控制、手动远程控制及现场应急操作三种启动方式。

（2）平时应使消防供水泵处于自动控制启动方式。

（3）应由消防供水泵出水干管上的压力开关、高位消防水箱出水管上的流量开关或报警阀组压力开关直接、自动启动消防供水泵。

（4）水泵的启动时间应是指自接通电源至水泵达到额定工况的时间。

工频启动电动水泵的时间：功率 $N \leqslant 132$ kW 消防供水泵的启动时间为不大于 30 s；$N > 132$ kW 消防供水泵的启动时间为不大于 55 s。

柴油机水泵的启动时间：功率 $N \leqslant 132$ kW 消防供水泵的启动时间为不大于 40 s；$N > 132$ kW 消防供水泵的启动时间为不大于 65 s。

（5）双路电源自动切换时间不应大于 2 s；一路电源与内燃机动力的切换时间不应大于 15 s。

（6）消防水泵应确保从接收启泵信号到水泵正常运转的自动启动时间不应大于 2 min。

相应条文说明：自动启动通常是信号发出到水泵达到正常转速后的时间在 1 min 内，这包括最大泵的启动时间 55 s，但如果工作泵启动到一定转速后因各种原因不能投入，备用泵启动还需要 1 min 的时间。因此，本规范规定应确保消防供水泵从接收启泵信号到水泵正常运转的自动启动时间不应大于 2 min 是合理的。

（7）机械应急启动时，应确保消防水泵在报警后 5 min 内正常工作。

相应条文说明：当消防水泵控制柜内线路在故障等紧急情况下不能自动或手动启动消防供水泵时，应依靠消防泵房设置的机械应急启动装置启动消防供水泵，启动时间包括自接收火警信号后安保值班人员从消防控制室到消防泵房以及消防供水泵按应急操作方式启动直至正常工作的时间，不应大于 5 min。

现行《建规》关于自备发电设备启动时间的规定如下：

（1）消防用电按一、二级负荷供电的建筑，当采用自备发电设备作备用电源时，自备发电设备应设置自动和手动启动装置。采用自动启动方式的自备发电

17

设备,应能保证在 30 s 内供电。

相应条文说明:一级负荷中特别重要的负荷,除两个供电电源外,尚应增设应急电源。应急电源可以是独立于正常电源的发电机组。

具备下列条件之一的供电,可视为一级负荷:①电源来自两个不同的发电厂;②电源来自两个区域变电站;③电源来自一个区域变电站,另一个设置自备发电设备。

汇总以上规定数据:

(1) 电动水泵启动时间应为自接通电源至电动水泵达到额定工况的时间:$N \leqslant 132 \text{ kW}$ 时为不大于 30 s,$N > 132 \text{ kW}$ 时为不大于 55 s。

(2) 自动切换时间:自动切换启动备用泵与自动切换双电源的时间为不大于 2 s,电源与内燃机的自动切换时间不应大于 15 s。

(3) 柴油机水泵采用常温启动方式,柴油机水泵自接收启动信号至达到额定工况的启动时间:$N \leqslant 132 \text{ kW}$ 时为不大于 40 s,$N > 132 \text{ kW}$ 时为不大于 65 s;柴油机水泵采用应急手动预热启动方式,柴油机水泵自开始预热至达到额定工况的启动时间:$N \leqslant 132 \text{ kW}$ 时为不大于 80 s,$N > 132 \text{ kW}$ 时为不大于 105 s。

(4) 自备发电设备启动时间是自接收启动信号至自备发电设备开始供电的时间,应不大于 30 s。

(5) 应确保消防水泵从接收启泵信号到水泵正常运转的自动启动时间不大于 2 min。

(6) 采取"应急操作"等人为干预方式启动消防供水泵的时间不应大于 5 min。

以上数据均不包括自确认火灾至输入启泵信号的时间。

1.6.2　水泵电机的过载保护措施

《民用建筑低压电气设计规范》规定:消防水泵电机的过载保护措施,只能是输出电机过载的报警信号,而不能切断电源。理由是:消防水泵因过载而突然断电,会造成比因过载而损坏电机更严重的后果。

《通用用电设备配电设计规范》规定:断电损失比过载损失更大时,不宜装过载保护或使过载保护动作于信号。同时规定:设有备用机组的消防水泵,应在过载情况下坚持工作。

灭火过程中因突然断电导致消防供水泵中断供水的后果比烧毁电机造成的损失严重。而当电机过载强迫水泵运行、最终因绝缘被破坏而发生短路时,将切换启动备用泵供水。

依据以上规范的规定,消防供水泵电机的过载保护装置,只能具备输出报警信号功能。即使设有备用泵,运行泵也应在电机过载状态下坚持工作,直至断电时再切换启动备用泵。

1.6.3 突发故障

备用状态下的消防供水泵,可以通过故障自动报警措施和值班人员巡检等方式获知显现的故障。当技术保障和维护管理尚不能完全排除消防供水泵存在突发故障的可能性时,潜在的隐患将可能在水泵启动过程中暴露为突发故障。现行的产品标准和规范均将突发故障列为消防供水泵能否正常启动的影响因素,并规定:如果消防供水泵在启动过程中突发故障,将切换启动备用水泵或在切换投入备用动力后重新启动水泵。

现实条件下,只有能够在突发故障时确保恢复供电时间,或者备用电源中包括自动启动投入的自备发电机或备用泵采用自动启动的柴油机水泵时,才能视为消防供水泵具备"不间断动力",才能将消防供水泵发生动力缺失现象的可能性降低到最低限度。

为了保障消防供电,原《高规》在条文说明中指出:"高层公共建筑,一般除设有双电源外,还设有自备发电机组,即设置了3个电源。"某些建筑设置3个电源的做法,说明设有双电源的供电保障措施与不间断动力供应之间仍然存在差距。

有媒体曾经报道:上海世博园拥有国内最先进的供电保障系统,可在发生断电故障后1 min恢复供电。

发生断电故障时,难以在短时间内恢复供电或恢复供电的时间难以准确把握的建筑物,必要时应为消防供水泵配置可在火警时自动切换供电的自备发电设备或备用泵采用柴油机水泵。

水泵故障,包括断电、短路、输入电压缺相、电机过载等电气故障和造成水泵不能达到应有供水能力的其他故障。

"消防供水泵在电机过载情况下坚持工作"的过程中,存在"因绝缘被破坏发生短路而断电的可能性"。也就是说,过载情况下坚持工作的电动水泵,存在灭火中途突发故障的可能性。综上所述,消防供水泵的启动过程,存在以下四种状态:

(1) 正常启动:接收启泵信号—启动电动泵—投入运行并持续供水。

(2) 过载运行:接收启泵信号—启动电动泵—电机过载—虽然报警但水泵在电机过载条件下继续运行供水。

(3) 启动过程突发故障:接收启泵信号—启动电动泵—电动泵在启动过程中突发故障—切换启动备用泵或备用动力后重新启动水泵—投入运行并持续供水。

(4) 过载运行中突发故障:接收启泵信号—启动电动泵—电机过载情况下继续运行—强迫运行过程中突发故障—切换启动备用泵—投入运行后继续供水。

无论是因为突发故障导致启动失败的水泵,还是运行中因电机过载而断电的水泵,都将发生两次水泵启动时间和一次自动切换时间。

临时高压给水系统应预先设定"自动启用消防供水泵需要的时间",该参数应按主泵启动失败占用的时间、自动切换时间、启动备用泵或备用动力后重新启动水泵所占用的时间以及确认火灾至输出、输入信号占用的时间之和确定。其中,主泵启动失败占用的时间应按电动水泵的启动时间确定。

有关规范规定:电机过载仍强迫运行的水泵,应在供水中途突发断电故障时再切换启动备用泵。当发生此种情况时,不仅同样将发生两次水泵启动时间和一次自动切换时间,而且供水中途切换启动备用泵对灭火的不利影响较大。例如,因断电而断水使火灾复燃可能增大灭火难度,中途断水对应急供水措施的要求更高,保障现场灭火人员安全的难度可能增大等。设有备用泵的系统,主泵启动时发现电机过载便及时切换启动备用泵,更有利于灭火。电机过载仍强迫水泵运行,只能是不设备用泵的系统不得已而为之的措施。

1.6.4 消防供水泵组

广义的临时高压给水系统,应包括所有依赖消防供水泵输送灭火系统设计流量的消防给水系统。

为确保可靠供水,应按下列要求设置消防供水泵组:①应设有备用泵和备用动力;②备用泵和备用动力应具备自动切换、自动投入功能;③消防供水泵的启动方式应按"自动控制"设置。

工程设计中,消防供水泵组有下列五种配置方式。

配置方式一:主泵采用电动水泵,并按一级负荷要求供电,备用泵采用柴油机水泵。

配置方式二:主泵与备用泵均采用电动水泵,按一级负荷要求供电,同时设有自备发电设备。

配置方式三:主泵与备用泵均采用电动泵,按一级负荷要求供电。

配置方式四:主泵与备用泵均采用电动泵,按二级负荷要求供电。

配置方式五:消防供水泵按二级负荷要求供电,不设备用泵。

(1)按配置方式一与配置方式二设置的消防供水泵组,可视为具备"不间断动力",可以避免动力缺失故障。在主泵或主电源突发故障的条件下,仍然能够自动切换、自动启动备用泵或备用动力。可靠性在以上五中配置方式中居于首位。

(2)按配置方式三设置的消防供水泵组,具有较高可靠性,但遇突发供电故障时不能自主确定恢复供电的时间。

(3)按配置方式四设置的消防供水泵组,可靠性低于配置方式一、二、三。

(4)按配置方式五设置的消防供水泵,故障风险在以上配置方式中最高。

(5)按配置方式五设置的消防供水泵,可按照相关规范规定,设置只输出报警信号的电机过载保护装置。

(6)配置方式四与配置方式五不适用于大功率消防供水泵。

1.6.5 启用消防供水泵需要的时间

配备不间断动力的消防供水泵,启动过程如下:

(1)正常启动过程:输入确认火灾信号—自动启动电动主泵—水泵投入正常运行。

(2)最不利启动过程:输入确认火灾信号—自动启动电动主泵—电动主泵在启动过程中突发机械或电气故障—自动切换启动备用柴油机水泵或自动启动自备发电设备并自动投入消防供电后重新启动水泵—消防供水泵投入运行。

消防供水泵在自动启动过程中突发故障后,仍能自动切换启动备用泵或备用动力,确保消防供水泵正常投入运行的启动全过程的累计时间,可称为"自动启用消防供水泵需要的时间",应包括:①自动确认火灾并自动输入确认火灾信号所占用的时间;②启动主泵占用的时间;③主泵突发故障后的自动切换时间;④启动备用泵占用的时间或启动备用动力后重新启动水泵占用的时间等。

例如,$N \leqslant 132 \, \mathrm{kW}$ 电动消防供水泵应在接收启动信号后 30 s 内投入正常运行。当主泵启动并达到一定转速时,突发机械或电气故障而不能正常投入运行时,自动切换启动备用电源或备用泵,切换电源后重新启动的水泵或备用的电动消防供水泵,均应在 30 s 内投入运行。因此,配备双路电源的消防供水泵,自动启用消防供水泵需要的时间应为 $2 \times 30 + 2 = 62 \, \mathrm{s}$。

自喷系统的自动启用消防供水泵需要的时间,应计入自喷系统自确认火灾至输出确认火灾信号占用的时间。室内消火栓系统自输入确认火灾信号开始计算自动启用消防供水泵需要的时间。

不同配置方式的消防供水泵组,自动启用消防供水泵需要的时间如下:

按配置方式一设置的消防供水泵组,应按电动水泵启动时间与自动切换时间以及柴油机水泵启动时间之和确定:

$$N \leqslant 132 \, \mathrm{kW} \; 为 \; 30 + 15 + 40 = 85 \, \mathrm{s}$$
$$N > 132 \, \mathrm{kW} \; 为 \; 55 + 15 + 65 = 135 \, \mathrm{s}$$

按配置方式二设置的消防供水泵组,应按电动水泵启动时间与自动切换时间、自备发电设备启动并投入消防供电的时间以及再次启动电动水泵的时间之和确定,等于2倍的电动水泵启动时间与自动切换时间、自备发电设备启动并投入消防供电的时间之和,即

$$N \leqslant 132 \, \mathrm{kW} \; 为 \; 2 \times 30 + 2 + 30 = 92 \, \mathrm{s}$$
$$N > 132 \, \mathrm{kW} \; 为 \; 2 \times 55 + 2 + 30 = 142 \, \mathrm{s}$$

按配置方式三设置的消防供水泵组,应按自动启动电动水泵时间与自动切换时间以及自动切换启动备用泵时间或重新启动主泵的时间之和确定,等于2倍的电动水泵启动时间与自动切换时间之和,即

$$N \leqslant 132 \, \mathrm{kW} \; 为 \; 2 \times 30 + 2 = 62 \, \mathrm{s}$$
$$N > 132 \, \mathrm{kW} \; 为 \; 2 \times 55 + 2 = 112 \, \mathrm{s}$$

按配置方式四设置的消防供水泵组,情况与配置方式三相同。

按配置方式五设置的消防供水泵,因为不设备用泵,所以应按电动水泵启动时间30 s确定。

五种配置方式的自动启用消防供水泵需要的时间如表2所列。

表2 自动启用消防供水泵需要的时间 （单位：s）

泵组配置	$N \leqslant 132\ kW$	$N > 132\ kW$
方式一	85	135
方式二	92	142
方式三	62	112
方式四	62	—
方式五	30	—

按照《消防给水及消火栓规范》的规定,自动启用消防供水泵需要的时间,应按自接收到启泵信号到水泵正常运转不大于2 min确定,但2 min时间中没有包括输入确认火灾信号占用的时间。

机械应急启动消防供水泵的时间不应超过5 min的规定,应是自确认火灾到水泵投入运行的全过程均由人工完成的极限数据。

凡允许人为干预消防供水泵启动过程的消防供水泵组,以及虽然备用泵采用柴油机泵或者备用动力采用自备发电设备,但不能确保在消防供水泵的最不利启动状态下全程自动控制的消防供水泵组,启用消防供水泵需要的时间应按5 min确定。

自喷系统的自动启用消防供水泵需要的时间,应计入确认火灾信号的输入时间：

（1）与湿式自喷系统配套的临时高压给水系统,应按同时计入90 s湿式报警阀组报警延迟时间确定,为2 min+1.5 min=3.5 min。

（2）与干式自喷系统配套的临时高压给水系统,应按同时计入30 s干式阀开启时间确定,为2 min+0.5 min=2.5 min。

此外,启用消防供水泵需要的时间还需考虑下列影响因素：柴油机预热水温的时间;非自灌式水泵的引水时间等。

临时高压给水系统启用消防供水泵需要的时间,等于消防供水泵滞后供水时间的上限值。

1.6.6　确认火灾信号

确认火灾的方式包括自动确认和人为确认两种方式;确认火灾后输出确认火灾信号的方式亦包括自动输出和人为输出两种方式。

向消防供水泵输出的确认火灾信号就是启动消防供水泵的指令信号。

仅设置室内消火栓的建筑,由现场人员确认火灾并驱动"启泵按钮",输出启动消防供水泵信号;或者在现场人员确认火灾并启用消火栓后由系统中设置的压力开关输出启动消防供水泵信号。前者为人为确认火灾、人为输出信号方式,后者为人为确认火灾后自动输出信号方式。二者输出确认火灾信号的时间基本相同。

同时设有火灾自动报警系统和室内消火栓的建筑,可由火灾自动报警系统自动确认火灾并输出信号,也可由现场人员在确认火灾后揿动"火灾报警按钮"输出信号,还可由现场人员在确认火灾后揿动"启泵按钮"输出信号。

当现场人员确认火灾并启用室内消火栓灭火时,输出启泵信号的时间和开始灭火的时间,与参与灭火人员的反应是否敏捷,操作是否专业、规范,防护装备是否齐全等因素密切相关,因此具有不确定性。现实条件下尚无考量现场人员人为确认火灾并输出启动消防供水泵信号、人为切换备用动力等所需时间的标准。

湿式系统由闭式喷头自动确认火灾,湿式报警阀动作后,由其所在阀组中的压力开关自动输出确认火灾信号。

干式系统由闭式喷头自动确认火灾,干式报警阀动作后,由其所在阀组中的压力开关自动输出确认火灾信号。

单连锁预作用自动喷水灭火系统由配套设置的火灾自动报警系统自动输出确认火灾信号。

闭式自动喷水灭火系统配置的消防供水泵,启动过程中应排除人为干预因素,因此必须严格执行自动控制启动方式,与之配套的自备发电设备应严格执行自动切换、自动控制的启动方式,消防与生产、生活合用的自备发电设备应严格执行自动切换、自动控制并优先投入消防供电的启动方式。

采用自动控制启动方式的开式自动喷水灭火系统(以下简称"开式系统"),由配套设置的火灾自动报警系统或传动管自动输出确认火灾信号。当此类系统允许采用人为启动消防供水泵的启动方式时,可在确认火灾后人为输出启动消防供水泵信号。

争取时间是有效灭火的重要条件,因此,任何人为干预启动消防供水泵操作的行为,都将延迟消防供水泵投入运行的时间,甚至贻误战机。

湿式系统和干式系统,自闭式喷头开启确认火灾至输出信号需要一定时间,因此应将上述系统输出确认火灾信号占用的时间计入自动启用消防供水泵需要的时间。由此可见,自动启用消防供水泵需要的时间,与灭火系统的类型、消防供水泵的配置方式密切相关,应作为分类确定自动启用消防供水泵需要时间的主要依据。

除此之外,应通过制订规则,规范非专业人员启用室内消火栓灭火的条件、技能及防护装备,规定人为输出启动消防供水泵信号、人为切换启动备用动力等干预消防供水泵启动过程的上限时间,或者排除人为干预因素。

启用消防供水泵需要的时间应确定为强制执行的刚性指标。如果确定为柔性指标,则应留有充分余地。

1.6.7 反馈信号

水泵完成启动后的反馈信号,目前一般取自对水泵驱动回路的判断信号,由于此信号只能表示已经完成启动水泵的电气控制程序,并不能确认水泵是否已经达到预期的供水状态。

水泵控制柜中供电线路上采用交流接触器作为电源开关,并由交流接触器的常开辅助触点判断水泵的"停机"与"运行"状态。水泵处于停机状态时触点处于常开状态,水泵正常启动后触点闭合,并将水泵启动时交流接触器的空开跳闸现象,判断为水泵故障信息,输出信号后自动切换启动备用泵。这种判断并反馈信号的方法,不能准确判断水泵是否处于正常供水状态。

消防供水泵出口,报警阀组、室内消火栓箱中的压力表,甚至末端试水装置的压力表,都可以准确判断水泵的供水压力是否达到预期数值,其反馈信号可作为判断水泵供水状态是否正常的依据。

1.7 高位消防水箱

1.7.1 设置高位消防水箱的条件及其分类

高位水箱是依靠液重压力供水的自动供水设备。

能够在设定的持续供水时间内,自始至终为灭火系统输送设计流量的高位消防水箱,属于"高压"供水设施,是理想的消防供水设施,具备在高压给水系统中担任供水设备的条件。但是,由于此类高位消防水箱储水量大、重量大、设置高度大,在建筑物中设置的难度大、成本高,所以一般的建筑工程并不采用。

建筑工程普遍采用临时高压给水系统,其中的稳压设施主要采用设置在建筑物顶部、符合消防规范规定的高位消防水箱。原《建规》和原《高规》均有"采用临时高压给水系统的建筑物,应在建筑物的最高部位设置消防水箱"的规定。现行的《消防给水及消火栓规范》规定:高层民用建筑、总建筑面积大于 10 000 m² 且层数超过 2 层的公共建筑和其他重要建筑,必须设置高位消防水箱;必须设置高位消防水箱建筑之外的其他建筑,应设高位消防水箱。

工业与民用建筑设置的临时高压给水系统,其中的高位消防水箱应发挥下列作用:

(1)可按设定条件为供水与灭火系统提供稳压压力;

(2)可消除消防供水泵启动期间的滞后供水现象;

(3)可按设定条件为灭火系统自动供应阶段性消防用水量。

能够在启动消防供水泵的过程中,为灭火系统按设定条件输送初期供水流量的高位消防水箱,可定义为"初期供水消防水箱"。

能够在因消防供水泵失效而等待增援供水期间,为灭火系统按设定条件输送应急供水流量的高位消防水箱,可定义为"应急供水消防水箱"。

仅能为供水与灭火系统提供一定压力,但不具备初期供水能力的高位消防水箱,应归类为"单纯稳压消防水箱"。配置单纯稳压消防水箱的临时高压给水系统,具有下列特点:①不具备为灭火系统输送初期供水流量的能力;②消防供水泵投入运行后建立输送设计流量的供水能力;③消防供水泵失效时丧失消防供水能力。

对较低楼层等供水有利区域具备阶段性消防供水能力,但对供水不利楼层或区域,则因供水压力不足而不具备阶段性消防供水能力的高位消防水箱,应被定义为"局部欠压供水消防水箱"。

为此,高位消防水箱可分为以下几类:①高压供水消防水箱;②应急供水消防水箱;③初期供水消防水箱;④局部欠压供水消防水箱;⑤单纯稳压消防水箱。

1.7.2 不设消防水箱的条件

原《建规》规定:设置常高压给水系统的建筑物,如能保证最不利点消火栓和自动喷水灭火设备等的水压和水量,可不设消防水箱。

原《高规》规定:采用高压给水系统时,可不设高位消防水箱。

《上海规程》规定:采用高压给水系统的建筑、单建掘开式人防工程、市政给水最低压力可到达屋顶最高部位的建筑以及设有稳高压给水系统的多层建筑,可不设高位消防水箱。

高压给水系统在稳压和供水状态下,能够始终保持为灭火系统输送设计流量的供水能力,不存在滞后供水现象和欠压供水现象,因此不需要设置消防供水泵,也不需要设置稳压设施和水泵接合器。

生产生活用水量达到最大值(峰值)时的最低(低谷)压力,仍然能够为灭火系统供应设定流量的市政给水,应视为可用于消防供水的自动供水设施,并有以下分类:①具备高压供水能力的应视为高压供水设施;②具备应急供水能力的可作为应急供水设施;③具备初期供水能力的可作为初期供水设施;④对建筑物局部具备初期供水能力的只能视为局部欠压初期供水设施。

市政给水的消防供水压力,应按生产生活用水量达到峰值时的低谷压力确定,并应不低于为灭火系统输送设定流量所需要的压力。低谷压力条件下不具备消防供水能力的市政给水,只能视为单纯稳压设施,应只允许仅设室内消火栓的民用建筑使用。视为单纯稳压设施的市政给水,不适用于设有自动喷水灭火系统的建筑,包括单建掘开式人防工程。

《消防给水及消火栓规范》将建筑物划分为必须设置高位消防水箱和应设高位消防水箱两种类型。

对于应设高位消防水箱的建筑,该规范有如下规定:

(1)当设置高位消防水箱确有困难且采用安全可靠的消防给水形式时,可不设高位消防水箱,但应设稳压泵。

(2)当市政供水管网的供水能力在满足生产生活最大小时用水量后仍能满足初期火灾所需的消防流量和压力时,市政直接供水可替代高位消防水箱。

该规范在提出"采用安全可靠的消防给水形式时可不设高位消防水箱"的规定时,应同时提出"安全可靠消防给水形式"的概念以及相应的界定条件。

1.7.3 储水量

消防技术规范中关于高位消防水箱储水量的规定,均是依据原《建规》的规定,按室内消防用水量(实际是指室内消火栓系统设计流量)持续供水 10 min 为基准制定的。

原《建规》对高位消防水箱的功能定位是储存扑救初期火灾用水量的储水设施。同时规定,消防水箱应储存 10 min 消防用水量,其供水能力:当室内消防用水量(即室内消火栓用水量)不超过 25 L/s,经计算水箱消防储水量超过 12 m³ 时,仍可采用 12 m³;当室内消防用水量超过 25 L/s,经计算水箱消防储水量超过 18 m³ 时,仍可采用 18 m³。

确定储水量的条件可归纳为:①一般均应按 10 min 确定持续供水时间;②按输送室内消火栓系统设计流量 10 min 的用水量确定储水量;③限定最大储水量为 18 m³。

原《高规》规定:高位消防水箱的消防储水量,一类公共建筑不应小于 18 m³;二类公共建筑和一类居住建筑不应小于 12 m³;二类居住建筑不应小于 6 m³。

根据原《建规》规定设置的高位消防水箱,供水性能参数如表 3 所列。

表 3 原《建规》规定的高位消防水箱供水性能参数

建筑物室内消火栓用水量 /(L·s⁻¹)	高位消防水箱	
	储水量/m³	持续供水时间/min
5	3	
10	6	
15	9	10
20	12	
25		8

28

建筑物室内消火栓用水量 /(L·s⁻¹)	高位消防水箱	
	储水量/m³	持续供水时间/min
25		12
30	18	10
40		7.5

根据原《高规》规定设置的高位消防水箱,供水性能参数如表 4 所列。

表 4　原《高规》规定的高位消防水箱供水性能参数

建筑类别	建筑高度 /m	高位消防水箱		
		室内消火栓用水量 /(L·s⁻¹)	储水量 /m³	持续供水时间 /min
一类公共建筑	>50	40	18	7.5
	≤50	30		10
二类公共建筑 和高级住宅	>50	30	12	6.7
	≤50	20		10
普通住宅	>50	20		10
	≤50	10	6	10

注:表中的室内消火栓用水量按每个室内消火栓设定的流量 5 L/s 确定。

以上表列数据说明,当应急供水时间按 10 min 设定时,应急供水流量按 10 L/s,20 L/s,30 L/s 设定的高位消防水箱,储水量应分别为 6 m³,12 m³, 18 m³。基于上述数据,同时启用的 DN65 室内消火栓数量应分别设定为不少于 2 个、4 个、6 个,或者设定为同时启用 7 只,12 只,17 只,应用压力为 0.1 MPa 的 $K = 80$(K 为流量特性系数)的喷头。

原《建规》在相应的条文说明中介绍了扑救初期火灾使用的水枪数量与灭火效果:"出 1 支水枪的灭火控制率为 40%,同时出 2 支水枪的灭火控制率为 65%。"

基于当代建筑的火灾呈现蔓延速度快、放热速率增长快、发烟量大、烟气毒性大、发生轰然的时间短等特点,确认火灾后采用 DN65 室内消火栓扑救初期火灾的用水量,应按同时启用 2 支 19 mm 喷嘴水枪灭火的用水量设定。当灭火初

29

期启用的水枪未能及时有效控制火势时,需要继续启用室内消火栓,加大灭火水量。

以灭火初期启用 2 支 19 mm 喷嘴水枪,5 min 后继续启用水枪的思路设定供水流量,估算高位消防水箱的持续应急供水时间(表 5)。

表 5　室内消火栓系统配套高位消防水箱应急供水时间的估算值

| 储水量 /m³ | 19 mm 喷嘴水枪 | | | 设定流量/(L·s⁻¹) | | 持续供水时间 /min |
| | 启用数量/支 | | 充实水柱 /m | | | |
	初期	应急		初期	应急	
6	2	+1	7	8	12	5+5=10
12		+2		8	16	5+4=9
		+2	10	10	20	5+7.5=12.5
18		+3			25	5+10=15
		+4			30	5+5=10

注:表中数据是以 19 mm 水枪达到 7 m 和 10 m 充实水柱时的出水流量分别设定 4 L/s 和 5 L/s 为条件的估算值。

当 $K = 80$ 喷头的湿式系统按照灭火初期启用 4 只闭式喷头,5 min 后因灭火不力继续启用闭式喷头的思路设定供水流量,估算出配套高位消防水箱的应急供水时间(表 6)。

表 6　$K=80$ 喷头的湿式系统配套高位消防水箱应急供水时间的估算值

| 储水量 /m³ | $K = 80$ 喷头 | | | 设定流量 /(L·s⁻¹) | | 持续供水时间 /min |
| | 启用数量/只 | | 工作压力 /MPa | | | |
	初期	应急		初期	应急	
6	4	+2	0.10	5	8	5+9=14
12		+4			10.5	5+16=21
18		+6			15	5+18=23

以中 Ⅰ 危险级湿式系统配置储水量为 6 m³ 的高位消防水箱为例,对启动消防供水泵失败后继续应急供水的数据进行分析:按初期火灾阶段同时启用 4 只 $K = 80$ 闭式喷头设定的初期供水流量,合计约 5 L/s;按初期启用喷头持续喷水 5 min 后,因未能有效控制火势继续驱动 2 只闭式喷头,按共计启用 6 只喷头设

定的应急供水流量,合计增大至约 8 L/s。为此,初期供水 5 min 合计占用的水量约为 1.5 m^3,其余约 4.5 m^3 的水量可持续应急供水约 9 min。最终估算出 6.0 m^3 储水量的持续供水时间总计可达约 5+9＝14 min。

以储水量 12 m^3 的高位消防水箱为例,根据表中数据,为 $K = 80$ 喷头的中 Ⅰ 危险级湿式系统持续应急供水的时间可达约 21 min;为与 DN65 消火栓连接的 19 mm 喷嘴水枪持续应急供水的时间可达 9～12.5 min。即使在湿式系统初期启用 4 只喷头灭火 5 min 后继续启用 4 只闭式喷头,并且同时启用 1 支 19 mm 水枪协助灭火,12 m^3 高位消防水箱的持续应急供水时间仍可不低于 15 min。

《消防给水及消火栓规范》对高位消防水箱有效容积的规定是,临时高压消防给水系统的高位消防水箱的有效容积应满足初期火灾消防用水量的要求,并应符合下列规定:

(1)一类高层公共建筑,不应小于 36 m^3。但当建筑高度大于 100 m 时,不应小于 50 m^3;当建筑高度大于 150 m 时,不应小于 100 m^3。

(2)多层公共建筑、二类高层公共建筑和一类高层住宅,不应小于 18 m^3。当一类高层住宅建筑高度超过 100 m 时,不应小于 36 m^3。

(3)二类高层住宅,不应小于 12 m^3。

(4)建筑高度大于 21 m 的多层住宅,不应小于 6 m^3。

(5)工业建筑室内消防给水设计流量(实为室内消火栓设计流量)小于或等于 25 L/s 时,不应小于 12 m^3;大于 25 L/s 时,不应小于 18 m^3。

(6)总建筑面积大于 10 000 m^2 且小于 30 000 m^2 的商业建筑,不应小于 36 m^3;总建筑面积大于 30 000 m^2 的商业建筑,不应小于 50 m^3。当与本条款的规定不一致时应取较大值。

按《消防给水及消火栓规范》归纳的高位消防水箱有效容积如表 7 所列。

表 7　高位消防水箱有效容积

建筑类别	建筑规模	高位消防水箱有效容积/m^3
一类高层公共建筑	$H{\leqslant}100$ m	$\geqslant 36$
	100 m$<H{\leqslant}150$ m	$\geqslant 50$
	$H>150$ m	$\geqslant 100$

建筑类别	建筑规模		高位消防水箱有效容积/m³
二类高层、多层公共建筑	—		≥18
一类高层住宅	$H{\leqslant}100$ m		≥18
	$H{>}100$ m		≥36
二类高层住宅	—		≥12
多层住宅	$H{>}21$ m		≥6
工业建筑	$Q_s{\leqslant}25$ L/s		≥12
	$Q_s{>}25$ L/s		≥18
商店建筑	10 000 m²$<S$≤30 000 m²	$H{\leqslant}100$ m	≥36
		$H{>}100$ m	≥50
	$S{>}30\ 000$ m²	$H{\leqslant}150$ m	≥50
		$H{>}150$ m	≥100

注：表中 S 为总建筑面积；H 为建筑高度；Q_s 为室内消火栓系统的设计流量。

《消防给水及消火栓规范》将一类高层公共建筑、大体量商业建筑及建筑高度超过 100 m 住宅的高位消防水箱储水量，大幅度提高至 36 m³，50 m³，100 m³ 的同时，应同步提出支撑此类高位消防水箱有效容积的供水流量以及持续供水时间的参考数据。

《上海规程》针对储水量为 100 m³ 的重力水箱，在条文说明中指出：构成此类消防水箱有效容积的供水流量按室内消火栓 30 L/s、自喷系统 25 L/s 设定，按合计流量 55 L/s 设定的持续供水时间为 30 min。

根据《上海规程》、原《建规》及原《高规》的思路，分析大储量消防水箱的持续供水时间（表 8）。

表 8　大储量消防水箱持续供水时间

储水量/m³	持续供水时间/min	平均流量/(L·s⁻¹)
100	30	30＋25＝55
50	30	30
36	30	20

表中 100 m³ 水箱的数据源自《上海规程》的条文说明,根据该规程的思路分析,50 m³ 与 36 m³ 容量的水箱可在不少于 30 min 的持续供水时间内,对室内消火栓与自喷系统的平均供水流量分别可达 30 L/s 与 20 L/s。

上述设定数据充分说明,大容量高位消防水箱的功能已经明显超出用于扑救初期火灾的范畴。

高位消防水箱的供水流量与持续供水时间,应随高位消防水箱的功能以及与之配套的灭火系统设定,储水量(或称"有效容积")应按设定的供水流量与持续供水时间的乘积确定。初期供水消防水箱应储备用于"扑救初期火灾的消防用水量"。应急供水消防水箱应储备用于"扑救初期火灾的消防用水量"和"等待增援供水期间的消防用水量"。

灭火效果与启用灭火设施的时机以及投入的灭火能力密切相关。若能及时确认火灾并及时、合理地启用灭火设施,则灭火效果较好。符合灭火系统需求的高位消防水箱可以为同时启用的出水组件自动供水,其 10 min 输出的消防用水量应不超过相关规范设定的储水量。

同时设有室内消火栓与湿式系统的建筑,发生火灾时,湿式系统如能在火灾初期阶段适时启动并先于室内消火栓喷水灭火,室内消火栓将发挥协助湿式系统灭火的作用。只要措施得当,二者协作灭火的合计流量在短时间内达到二者设计流量之和的可能性不大,实际的持续供水时间亦应偏大于设定值。

为此,临时高压给水系统中的高位消防水箱,既应是消除供水泵滞后供水现象的自动供水设施,也应是消防供水泵失效时持续应急供水的自动供水设施。

《消防给水及消火栓规范》对术语"高位消防水箱"的注释沿用了原《建规》的提法:设置在高处直接向灭火设施重力供应初期火灾消防用水量的储水设施。

根据上述分析,应将高位消防水箱定义为:设置在建筑物屋顶等最高处,可为灭火系统应急供水、初期供水或保持一定压力的自动供水设备。

1.7.4　供水压力

高位消防水箱处于最低供水水位时的最低供水压力,应满足在同时启用限定数量的消火栓或喷头时,所有水枪的充实水柱长度或所有喷头的工作压力均符合设定值。也就是说，只要启用的消火栓或喷头的数量不超过限定值，所有水枪的充实水柱长度或所有喷头的工作压力，均不应低于按应用场所确定的设定值。

原《建规》对高位消防水箱供水压力的规定：高位消防水箱应设置在建筑物的最高部位。

原《高规》对高位消防水箱最低供水压力的规定：高位消防水箱的设置高度应保证最不利点消火栓静水压力。当建筑高度不超过100 m时，高层建筑最不利点消火栓静水压力不应低于0.07 MPa；当建筑高度超过100 m时，高层建筑最不利点消火栓静水压力不应低于0.15 MPa。当高位消防水箱不能满足上述静水压力要求时，应设增压设施。

《建筑灭火设计手册》(1997年版)提出了与原《高规》相呼应的高位消防水箱的设置方法：①顶层室内消火栓的栓口至顶板的距离为2.0 m；②顶层上方的电梯机房层高3.0～3.5 m；③消防水箱再架空1.5～2.0 m。该方法可使高位消防水箱底面与最不利点消火栓栓口形成7 m的高程差，可使高位消防水箱对最不利点DN65消火栓的最低供水压力达到0.07 MPa。

《消防给水及消火栓规范》对高位消防水箱供水压力的规定：高位消防水箱的设置位置应高于其所服务的水灭火设施，且最低有效水位应满足水灭火设施最不利点处的静水压力，并应按下列规定确定：

（1）一类高层公共建筑，不应低于0.10 MPa。但当建筑高度超过100 m时，不应低于0.15 MPa。

（2）高层住宅、二类高层公共建筑、多层公共建筑，不应低于0.07 MPa，多层住宅不宜低于0.07 MPa。

（3）工业建筑不应低于0.10 MPa。当建筑体积小于20 000 m³时，不宜低于0.07 MPa。

（4）自动喷水灭火系统等自动水灭火系统应根据喷头灭火所需压力确定，但不应小于0.10 MPa。

（5）当高位消防水箱不能满足（1）～（4）的静水压力要求时，应设稳压泵。

按《消防给水及消火栓规范》规定归纳的室内消火栓配套高位消防水箱的最低供水压力如表9所列。

表 9 现行规范对室内栓配套高位消防水箱最低供水压力的规定

建筑类别	建筑规模	最低供水压力/MPa
一类高层公共建筑	$H \leqslant 100$ m	0.10
	$H > 100$ m	0.15
二类高层、多层公共建筑	—	0.07
高层、多层住宅	—	0.07
工业建筑	$V < 20\,000$ m³	0.07
	$V \geqslant 20\,000$ m³	0.10

注:H 为建筑高度;V 为建筑体积。

该规范将高位消防水箱最低有效水位对最不利点室内消火栓的静水压力,分别按固定值规定为不应低于 0.07 MPa,0.10 MPa,0.15 MPa,将湿式系统最不利点喷头的静水压力,按固定值规定为不应低于 0.10 MPa。

上述"高位消防水箱最低供水压力"和"高位消防水箱处于最低有效水位时的最不利点消火栓静水压力",均是指高位消防水箱处于最低有效水位、系统处于零流量时的稳压状态下,最不利点消火栓栓口处的静水压力。由于零流量状态不存在水头损失,所以此时最不利点消火栓栓口处压力表显示的静水压力就是高位消防水箱的重力供水压力。最低值为水箱最低供水水位与最不利点消火栓栓口之间的高程差,最高值为水箱最高水位与最不利点消火栓栓口之间的高程差。消火栓启用之后,系统流量不再为零,消火栓栓口处压力表显示的压力(《消防给水及消火栓规范》将其称为"动水压力",其他称谓有"消火栓栓口出水压力""消火栓工作压力"或"剩余压力"等)等于零流量下消火栓栓口静水压力与输送供水流量的水头损失之差,其数值不应低于水枪充实水柱长度的规定值所对应的消火栓栓口出水压力(表 10)。

表 10 19 mm 喷嘴水枪充实水柱与 DN65 消火栓栓口出水压力

19 mm 水枪充实水柱长度 /m	水枪入口压力 /MPa	DN65 消火栓栓口出水压力 /MPa
7	0.09	0.12
10	0.14	0.17
13	0.21	0.24

注:DN65 消火栓与 19 mm 喷嘴水枪之间采用 25 m 长衬里水带连接。

由表 10 可知，DN65 消火栓栓口静水压力为 0.07 MPa，0.10 MPa 时，启用后不能使配套连接的 19 mm 喷嘴水枪充实水柱长度达到 7 m。因此，设置高度为 7 m 或最不利消火栓栓口静水压力为 0.07 MPa 的高位消防水箱，其最低供水压力无法使建筑物顶层甚至次顶层 DN65 室内消火栓连接的 19 mm 喷嘴水枪的充实水柱长度达到 7 m。

《上海规程》中关于高位消防水箱供水压力的规定：高位消防水箱应保证自喷系统最不利点处喷头的最低静水压力和喷水强度，并应保证室内消火栓给水管网能充满水，对超高层建筑应保证最不利点室内消火栓静水压力不小于 0.15 MPa。当高位消防水箱不能满足上述要求时，消防给水系统应设局部稳压设施（该规程将增压设备称为局部稳压设施）。

条文说明强调：需注意的是，除了最不利点处外的位置均应满足喷头工作压力的要求。

《自动喷水灭火系统设计规范》（2001 年版）关于高位消防水箱供水压力的规定：采用临时高压给水系统的自动喷水灭火系统，应设高位消防水箱，其储水量应符合现行有关国家标准的规定。消防水箱的供水应满足系统最不利点处喷头的最低工作压力和喷水强度要求。

相应的条文说明解释了设置高位消防水箱的目的：

（1）利用位差为系统提供准工作状态下需要的水压，使管道内的充水保持一定压力。

（2）提供系统启动初期的用水量和水压，在供水泵出现故障的紧急情况下应急供水。

（3）确保喷头开启后立即喷水，控制初期火灾和为外援灭火争取时间。

消防水箱的供水应满足系统最不利点处喷头的最低工作压力和喷水强度要求，是指消防水箱在向最不利区域输送设定供水流量时，应使最不利点喷头及其附近同时启用的喷头的工作压力均能达到按设置场所确定的应用压力。

供水压力是高位消防水箱的重要参数，根据上述要求，当高位消防水箱处于最低供水水位时，最不利点出水组件处的静水压力，应按最不利点出水组件的应用压力与高位消防水箱向最不利点及其附近同时启用的出水组件输送设定供水流量时的水头损失之和确定。符合上述条件的高位消防水箱，为灭火系统保持的稳压压力可确保按限定数量同时启用的出水组件的工作压力均能达到应用压力。因此,最不利点出水组件的应用压力、按最不利区域内限定数量出水组件同时启用为条件设定的供水流量以及向同时启用出水组件输送设定供水流量时的水头损失,是确定高位消防水箱供水压力必不可少的条件。

1.7.5 高位消防水箱的设置

按照《消防给水及消火栓规范》、原《建规》及原《高规》等规范规定设置的稳压设施,可有以下多种类型:①不配增压、稳压设备的直供高位消防水箱;②配置增压设备的高位消防水箱;③配置稳压设备的高位消防水箱;④气压给水设备;⑤稳压设备;⑥可提供系统自动启动流量的稳压泵;⑦市政给水;等等。

临时高压给水系统的稳压设施应首选高位消防水箱,并应按预期功能确定自动供水能力。在消防规范限定的条件下可不设高位消防水箱的消防给水系统,应采用符合上述条件的气压给水设备或其他自动供水设备,替代高位消防水箱。

初期供水消防水箱的自动供水能力,应按灭火系统扑救初期火灾的用水需求,确定下列技术参数:

(1) 应依据设定的自动启用消防供水泵需要的时间确定初期供水时间;

(2) 应依据初期供水时间设定最不利区域同时启用出水组件的数量和位置;

(3) 应按最不利区域内同时启用出水组件的流量之和确定初期供水流量;

(4) 应按初期供水时间与初期供水流量的乘积确定初期消防储水量;

(5) 应以向最不利区域输送初期供水流量并确保所有同时启用的出水组件均能达到设定的工作压力为条件,确定最低供水压力;

(6) 应按最低供水压力确定初期供水消防水箱的设置高度。

应急供水消防水箱的自动供水能力,应按因消防供水泵突发故障而等待增援供水期间灭火系统的用水需求,确定下列技术参数:

(1) 应按等待增援供水需要的时间确定应急供水时间;

(2) 应依据应急供水时间设定最不利区域同时启用出水组件的数量与位置;

（3）应按最不利区域内同时启用出水组件的流量之和确定应急供水流量；

（4）应按应急供水时间与应急供水流量的乘积确定应急消防储水量；

（5）应以向最不利区域输送应急供水流量并确保所有同时启用的出水组件均能达到设定的工作压力为条件，确定最低供水压力；

（6）应按最低供水压力确定应急供水消防水箱的设置高度。

设置高度和储水量是表征高位消防水箱自动供水能力的重要参数，应确保最低供水压力和满足持续供水时间的储水量。

不能满足上述要求的单纯稳压高位消防水箱，可为灭火系统自动充水和自动保持低于初期供水压力的稳压压力。

备用泵采用柴油机泵并且采用自动切换启动方式，或备用动力采用自备发电设备并且采用自动切换启动与自动优先投入消防供电启动方式的消防供水泵组，可配套采用初期供水稳压设施，其持续供水时间应根据设定的自动启用消防供水泵需要的时间确定。消防供水泵启动过程中存在人为干预因素的消防供水泵组（包括设有柴油机水泵和自备发电设备的消防供水泵组），配套稳压设施的持续供水时间应按 5 min 确定。

设有备用泵但不具备可靠动力保障的消防供水泵，当配套设置应急供水稳压设施时，可以在消防供水泵失效时按设定流量为灭火系统应急供水。

备用泵采用柴油机水泵或备用动力采用自备发电设备的消防供水泵组，当配套设置应急供水稳压设施时，可为消防供水提供双重可靠性保障。

等待增援供水需要的时间是一个较为复杂的概念，理论上应根据责任区消防队接警、出警、在途以及到达火灾地点后组织增援供水，直至通过水泵接合器开始对灭火系统实施增援供水所需要的时间设定。

将责任区消防队自接警至派出的消防车到达火灾现场的时间设定为消防队到场时间，其影响因素包括：责任区消防站接警后的出车时间、自消防站至火灾现场的行车距离及行车速度。交通是否便利与畅通是影响消防队能否按时抵达火灾现场的重要因素，应在设定时间中充分考虑交通拥堵等延误到达时间的因素。消防队到达火灾现场后组织增援供水所占用的时间，应与消防队到场时间一起计入等待增援供水需要的时间。

灭火系统的设计参数不是按照理想的灭火状态，而是以较为不利条件下的灭火进程确定的。火灾放热速率（Q）与火灾发展时间（t）呈 $Q-t^2$ 甚至 $Q-t^3$ 增长的规律已经成为共识。因此，在火灾初期未能采取有效灭火措施或消防供水泵未能正常投入运行以及初期投入的灭火能力未能有效遏制火势的情况下，只能通过后续投入较大灭火能力的方法来抑制已形成较大规模的火灾。

为此，在等待增援供水期间，灭火系统中同时启用的出水组件数量，应较初期灭火阶段有所增大，增大的数量与等待增援供水需要的时间密切相关。

当高位消防水箱与供水有利区域出水组件之间的高程差，导致高位消防水箱对供水有利区域出水组件的供水压力过大时，应采取分区供水或控制出水组件工作压力的措施，防止出水组件流量超标，保证水箱持续供水时间。

现有的高位消防水箱有 100 m³，50 m³，36 m³，18 m³，12 m³，6 m³ 等多种规格。按照规范设定的持续供水时间，18 m³，12 m³，6 m³ 的水箱为 10 min；100 m³ 的水箱为 30 min。以 18 m³ 的水箱设定流量按 30 L/s 为依据，可推算出 50 m³ 与 36 m³ 的水箱应分别约为 30 min 和 20 min（表 11）。

表 11　消防水箱供水性能

储水量/m³	设定流量/(L·s⁻¹)	持续供水时间/min
6	10	10
12	20	10
18	30	10
36	30	20
50	40	20
100	55	30

消防给水系统中的高位消防水箱，稳压状态下应确保消防储水量，因此，平时应处于最高水位。对于供水最不利区域，高位消防水箱的初始供水压力（等于高位消防水箱最高水位与最不利点出水组件之间的高程差），当大于设定应急流量的供水压力时，最高水位具有应急供水能力；当大于设定初期流量的供水压力时，最高水位具有初期供水能力。随着灭火进程的发展，水箱的水位逐渐降低，供水压力随之下降，直至达到可满足应急供水或初期供水设定压力的下限水位。当实际的应急供水或初期供水的下限水位高于最低供水水位时，下限水位与最低水位之间的储水量，不再具备相应的阶段性供水能力。此类高位消防水箱中

39

可用于应急供水或初期供水的储水量,等于可满足应急供水或初期供水设定压力的下限水位与最高水位之间的储水量。可持续供应应急流量或初期流量的时间,应按实测确定的应急储水量或初期储水量确定。

按规范确定储水量和设置高度的高位消防水箱,存在下列情况:

(1) 最低供水水位符合应急供水要求;

(2) 最低供水水位符合初期供水要求;

(3) 最低供水水位不能满足应急供水要求,但最高供水水位能够满足应急供水要求;

(4) 最高供水水位不能满足应急供水要求,但能满足初期供水要求;

(5) 最高供水水位不能满足初期供水要求,仅能满足系统稳压的要求。

不能满足预期供水能力要求的高位消防水箱,应通过水力计算和现场实测确定自动供水能力:

(1) 最高供水水位能够满足应急供水要求的,应确定满足应急供水压力要求的下限水位以及相应的储水量和持续供水时间;

(2) 最高水位不能满足应急供水压力的,应核定能够持续供水 10 min 的供水流量;

(3) 最高供水水位能够满足初期供水要求的,应确定满足初期供水压力要求的下限水位以及相应的储水量和持续供水时间;

(4) 最高水位不能满足初期供水压力的,应核定能够输送初期供水的区域和楼层,或者核定为单纯稳压高位水箱。

对于供水能力不足的高位消防水箱,应采取下列措施:

(1) 采用 $K = 80$ 喷头的轻、中危险级湿式系统,最不利点喷头的应用压力取 0.05 MPa;

(2) 增大高位水箱出水管道、供水欠压区域内配水管道的管径,降低供水的水头损失;

(3) 缩短供水欠压区域内喷头的间距;

(4) 提升高位水箱的设置高度;

(5) 为供水欠压区域增设增压设备;

(6) 增设增压泵;

(7) 限制供水压力不足区域的火灾危险等级;

（8）仅设室内消火栓的建筑，在供水压力达到 0.05 MPa 的区域增设 $K=80$ 喷头的湿式系统。

对于上述措施无法消除供水欠压区域的高位消防水箱，应针对供水欠压局部区域设置符合预期功能的阶段性流量以及持续供水时间的增压设备。

因供水能力不足而加设可供应阶段性流量的增压泵的高位消防水箱，在标定其可满足供水压力的下限水位以及相应的储水量和持续供水时间的基础上，应配置用于监测高位消防水箱有效供水下限水位或相应系统压力的仪表。系统稳压时，增压泵处于备用状态，由高位消防水箱保持系统的稳压压力。灭火系统启动后，首先由高位消防水箱供水，当水箱水位下降至其有效供水的下限水位时，监测仪表输出启动增压泵信号，若此时消防供水泵尚未启动，则启动增压泵为高位消防水箱的供水增压，弥补高位水箱设置高度不足的缺陷。消防供水泵投入运行后关停增压泵。此类增压泵属于提升高位消防水箱供水能力的技术措施，不承担使系统稳压的职责，其具有突发故障的风险，因此应有规避故障、保障可靠启动的措施。

1.8　消防气压给水设备

气压给水设备是一种利用密闭贮罐内空气的可压缩性调节和压送罐内水量的装置，由气压水罐、水泵、控制柜及辅件等组成。气压水罐采用压力容器，遵循波义耳-马略特定律调节罐内的水量与压力，利用罐内空气的压缩与膨胀特性向罐内注水或向罐外排水。

波义耳-马略特定律：对于一定量的理想气体，当温度不变时，压力与比容（或容积）成反比，即

$$P \cdot V = 常数 \qquad (15)$$

式中　V——气体容积（m³）；

　　　P——气体绝对压力（Pa）。

实践证明，空气、氧气、氮气、一氧化碳、烟气等可近似认为是理想气体。

因此，当气压水罐处于不同工作液面时，罐内气相体积和绝对压力的乘积保持不变。

1.8.1 气压给水设备的分类

(1) 按水泵的配置分类,可划分为供水泵补水气压给水设备与稳压泵补水气压给水设备;

(2) 按安装位置分类,可划分为高置气压给水设备与低置气压给水设备;

(3) 按功能分类,可划分为合用气压给水设备与消防气压给水设备。

此外也可按是否配置压力联动装置、能否输出启动消防供水泵信号分类。

1.8.2 供水泵补水气压给水设备

按照《建筑给水排水设计手册》(第二版)(中国建筑设计研究院主编)的介绍,由供水泵补水气压给水设备应由供水泵与气压水罐等组成。当系统用水量较低时,供水泵为气压水罐补水、储能,或者关停供水泵,改由气压水罐供水(图5)。

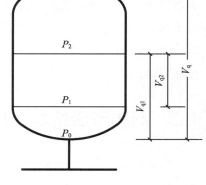

V_q—总容积;V_{q1}—水容积;V_{q2}—调节水容积;P_1—最低工作压力;P_2—最高工作压力;P_0—充水前罐内气压。

图5 供水泵补水气压水罐示意图

1. 供水泵补水气压水罐的运行参数

(1) 总容积(m^3);

(2) 水容积(m^3),为调节水容积(气压水罐于最低工作压力与最高工作压力之间的充水容积)与保护水容积(又称不动水容积,为气压水罐内充入调节水容积水量之前充入的水容积)之和;

(3) 无水或充入保护水容积水量后的罐内压力,也是排尽调节水容积的罐内压力(MPa),为气压水罐的最低工作压力(MPa);

(4) 充入调节水容积水量后的罐内压力,为气压水罐的最高工作压力(MPa);

(5) 关停供水泵压力(MPa),应接近气压水罐的最高工作压力;

(6) 启动供水泵压力(MPa),应接近气压水罐的最低工作压力;

(7) 最低工作压力对应的气相容积(m^3);

（8）最高工作压力对应的气相容积（m³）；

（9）气压水罐工作压力比（α_b），为最低工作压力（P_1）与最高工作压力（P_2）之比（工作压力以绝对压力计），$\alpha_b = P_1 / P_2$；

（10）气压水罐容器系数（β）。

2. 供水泵补水气压给水设备的运行过程

（1）气压水罐在最低工作压力与最高工作压力之间运行；

（2）供水泵运行时可使剩余的供水量进入气压水罐；

（3）当气压水罐接近最高供水水位、最高工作压力时，关停供水泵，改由气压水罐供水；

（4）当气压水罐内储水因不断向外供水而下降到接近最低供水水位、压力下降到接近最低工作压力的启动供水泵压力时，启动供水泵。

供水泵补水的气压给水设备，由气压水罐调节供水量，供水泵与气压水罐可交替供水。

1.8.3 稳压泵补水气压给水设备

稳压泵补水气压给水设备，不由供水泵为气压水罐补水、储能，而是由另外专门配置的稳压泵为气压水罐补水、储能。稳压泵的流量和选型按气压水罐补水的要求确定，气压水罐的储水量和选型则按向外供水的设定流量及相应的持续供水时间确定。

现有临时高压给水系统中设置稳压泵的气压给水设备，用于平时为供水与灭火系统保持稳压压力和补充稳压状态下漏失的水量，灭火系统启动后可立即向启用的出水组件自动供水，直到消防供水泵接替供水。

稳压泵补水气压给水设备可视为自动供水设备，可用于替代高位消防水箱。

1. 稳压泵补水气压水罐的运行参数

（1）消防供水最低水位，为充入消防储水量之前的水位；

（2）最低工作压力，为消防供水最低水位对应的罐内压力，应按向灭火系统输送设定流量的供水压力确定；

（3）消防供水最高水位，为充入消防储水量后的水位；

（4）消防供水初始压力，为消防供水最高水位对应的罐内压力；

（5）启动稳压泵压力，按消防供水初始压力设定；

（6）最高工作压力，为充入补充水容积水量后的罐内压力；

（7）关停稳压泵压力，按最高工作压力设定；

（8）启动消防供水泵压力，配置压力联动装置时设定。

2. 稳压泵补水气压给水设备的运行过程

（1）系统处于稳压状态时，由稳压泵为气压水罐补水，使气压水罐储能，控制气压水罐在稳压压力上限与稳压压力下限之间运行，气压水罐内的储水量保持在最高消防水位与稳压最高水位之间；

（2）气压水罐在为供水与灭火系统补充漏失水量的过程中，罐内的水位及压力逐渐下降；

（3）当气压水罐内压力下降至稳压压力下限时，启动稳压泵为气压水罐补水升压；

（4）当气压水罐内压力回升至稳压压力上限时，关停稳压泵，停止向罐内补水；

（5）灭火系统启动后，由气压水罐立即为启用的出水组件自动供应消防用水量，并持续供水至消防供水泵投入运行；

（6）配置压力联动装置的气压水罐，当气压水罐内压力下降至设定的启动消防供水泵压力时，由压力联动装置自动输出启动消防供水泵信号，并应持续供水至消防供水泵投入运行；

（7）当消防供水泵不能如期投入运行时，系统将在排尽气压水罐内消防储水量后中断供水。

稳压泵补水的气压给水设备，承担供应阶段性消防用水量的职能，只有在消防用水量小于稳压泵供水流量的情况下，才会出现气压水罐与稳压泵交替供水的现象。

1.8.4 消防气压水罐参数

公安行业标准《消防气压给水设备》在术语中，介绍了消防气压水罐的参数：

（1）总容积 V，指气压水罐中充气容积和充水容积之和。

（2）补充水容积 V_1，气压给水设备正常运行过程中，相应于稳压压力上限 P_4 和稳压压力下限 P_3 之间气压水罐内水容积的差值，即避免设备稳压泵频繁启停工作的调节水容积。

（3）缓冲水容积 V_2，指采用压力信号启动主消防泵的气压给水设备运行过程中，相应于稳压压力下限 P_3 和消防泵启动压力 P_2 之间气压水罐内水容积的差值，即防止消防泵误启动起缓冲作用的水容积。

（4）有效水容积 V_3，指气压给水设备运行过程中，相应于稳压压力下限 P_3 和消防工作压力 P_X（注：在该标准文本中，原文为"消防给水压力下限 P_1"）之间气压水罐内水容积的差值，即消防初始状态或停电状态下由气压水罐排出的用于消防的有效水量。

（5）稳压压力上限 P_4，指气压给水设备维持正常运行的最高压力，即停止补水时气压水罐内的压力。

（6）稳压压力下限 P_3，指气压给水设备维持正常运行的最低压力，即开始补水时气压水罐内的压力。

（7）消防泵启动压力 P_2，指采用压力信号启动主消防泵的气压给水设备，主消防泵启动时的压力。

（8）消防给水压力下限 P_1，指消防气压给水设备所允许的最低给水压力，即设备满足消防给水系统最不利点消防压力的最低设计压力值。

（9）消防工作压力 P_X，指气压给水设备在消防状态下工作时的设定压力。

（10）消防工作流量 Q_X，指气压给水设备在消防状态下工作时，相应于消防工作压力应满足的给水流量。

需要说明的是：

（1）消防工作流量应是气压给水设备的额定供水流量，应根据气压给水设备的预期功能、灭火系统所需的阶段性供水流量确定。

（2）消防工作压力应是与消防工作流量对应的供水压力，因此应是气压水罐输出消防工作流量的工作压力，并应确定为气压水罐排尽消防储水量、处于最低消防供水水位时的最低工作压力，相当于水泵出口压力，应等于气压给水设备的"消防给水压力下限"减去或叠加气压水罐供水高程差后的压力。

（3）消防给水压力下限应是气压给水设备的消防给水最低压力，应是气压水罐的最低工作压力叠加或减去重力供水压力后的给水压力，应满足给定自喷系统或室内消火栓系统等消防设施的需求，应等于最不利点出水组件的应用压力与向最不利区域输送消防工作流量的水头损失之和。

（4）有效水容积应是气压水罐中稳压压力下限 P_3 与最低工作压力 P_1（消防

工作压力 P_X)之间的水容积。

（5）消防储水量应按消防工作流量与相应的持续供水时间的乘积确定。

根据《消防气压给水设备》的规定,设置稳压泵的消防气压给水设备,气压水罐充入有效水容积和补充水容积的水量后的压力为气压水罐的最高工作压力,应为稳压泵关停后的罐内压力。气压水罐排尽补充水容积水量后的压力应为消防供水的初始压力,应设定为启动稳压泵时的罐内压力。稳压状态下,气压水罐应在稳压压力区间,也就是最高工作压力与消防供水初始压力之间运行。补充水容积的设定值,应按避免稳压泵频繁启动、控制稳压泵启动周期的原则确定。

配置压力联动装置的气压给水设备,气压水罐应设有缓冲水容积,利用缓冲水容积水量的缓冲作用,防止压力联动装置误动作。缓冲水容积的设定值应按确保防止压力联动装置误动作的要求确定,并将气压水罐排尽缓冲水容积水量时的压力,设定为输出启动消防供水泵信号的压力。启动消防供水泵压力与消防工作压力之间的水容积,应按启动消防供水泵期间需要的消防用水量确定,与缓冲水容积之和为有效水容积。

当消防供水泵的启动信号来自消火栓箱的启泵按钮、自喷系统报警阀组的压力开关或火灾自动报警系统时,气压给水设备不应承担输出启动消防供水泵信号的职能,不需要配置压力联动装置,气压水罐无需设置缓冲水容积,其有效水容积应按启动消防供水泵期间需要的消防用水量确定。

灭火系统启用出水组件后,气压给水设备开始供应消防用水量,气压水罐的压力逐渐下降。气压水罐开始消防供水的初始压力,理论上应按稳压压力下限确定,但实际上往往高于稳压压力下限。如果此时同时启用的出水组件的流量之和小于稳压泵的出流量,气压水罐的压力将维持在稳压压力下限之上,并存在气压水罐与稳压泵交替供水的可能性;如果同时启用的出水组件的流量之和大于稳压泵的出流量,气压水罐的压力将持续下降,直至跌破稳压压力下限,并在逐渐排出有效水容积水量的过程中不断下降,直到降至最低工作压力,即设定的消防工作压力。

由于稳压压力下限高于消防工作压力,致使气压水罐消防供水的初始流量大于消防工作流量。在持续消防供水过程中,气压水罐的出水压力和出水流量随供水时间逐渐下降,直至达到消防工作压力与消防工作流量。其间,供水压力自稳压压力下限逐渐向消防工作压力衰减,供水流量自初始流量向消防工作流量逐渐衰减。因此,消防工作流量与消防工作压力是气压水罐持续消防供水过程中的最小流量和最低压力。当按消防工作流量与持续供水时间的乘积设定有效水容积时,按不低于消防工作流量持续供水所实际显现的供水时间,将小于持续供水时间的设定值。为此,消防气压给水设备应采取定压供水措施,使气压水罐按消防工作压力稳定供水,以平衡其持续供水时间始末的出水压力,确保持续供水时间。

此外,气压给水设备的设置应尽量缩小供水不利区域与有利区域之间供水压力的差异。

稳压泵补水气压给水设备应具有与高位消防水箱相同的性能要求:①平时使灭火系统保持设定的稳压压力;②灭火系统启用出水组件后立即自动供水;③消除临时高压给水系统的滞后供水现象;④在气压水罐内压力下降至最低工作压力之前,按设定的流量与持续时间供水。

配置压力联动装置的设备,在气压水罐内压力下降至设定的启动消防供水泵压力时,由压力联动装置输出启动消防供水泵信号,并在罐内压力下降至最低工作压力之前,可按设定的流量与持续时间供水。

允许不设高位消防水箱的建筑设置的临时高压给水系统,稳压设施应采用气压给水设备,并应具有与高位消防水箱相同的分类:应急供水气压给水设备;初期供水气压给水设备;单纯稳压气压给水设备。

由稳压泵补水的初期供水气压给水设备,应在气压水罐排尽有效水容积水量之前,具备为灭火系统持续输送初期供水流量的能力。投入运行的消防供水泵应接替气压给水设备继续消防供水。当消防供水泵因突发故障而失效时,将在气压水罐排尽有效水容积水量后中断消防供水。

由稳压泵补水的应急供水气压给水设备,应在气压水罐排尽有效水容积水量之前,具备为灭火系统持续供应应急供水流量的能力。

单纯稳压气压给水设备,由于不具备在自动启用消防供水泵需要的时间内为灭火系统持续供应初期供水流量的能力,只能用于使灭火系统保持充满水或保持低于消防给水压力下限的压力。

稳压泵补水气压给水设备的配置及参数的确定,应确保气压给水设备实现预期功能。

《消防气压给水设备》对消防气压给水设备的定义:在消防水泵启、停状态均能向消防管网自动按设定压力给水的设备。该标准将能够满足 10 min 消防初期用水量的气压给水设备,命名为"消防应急气压给水设备"。应急气压给水设备的准确定位应该是:能够在消防供水泵失效而等待增援供水期间,为灭火系统输送应急供水流量的气压给水设备。

该标准对增压稳压给水设备的功能定位是用于消防管网末端增压的给水设备,并将增压设备与稳压设备统称为增压稳压设备。实际上,消防给水系统配置的包括增压设备、稳压设备在内的所有气压给水设备以及供水泵,都属于能够为消防管网及其末端增压的给水设备,但它们各自的作用并不相同:

(1)消防供水泵应将消防管网的压力提升至为灭火系统输送设计流量所需要的压力;

(2)气压给水设备应具备将消防管网的压力提升至输送设定流量需要的压力,同时应具备按设定时间持续输送设定流量的能力;

(3)增压设备应将高位水箱的供水压力提升至供应初期流量需要的压力,同时应具备按设定时间持续输送设定流量的能力;

(4)稳压设备虽能提升消防管网的压力,但不具备按设定时间持续输送初期供水流量的能力。

1.8.5　有关气压给水设备的规定

1.《建筑设计防火规范》

原《建规》在关于高位消防水箱的规定中指出:设置临时高压给水系统的建筑物,应设消防水箱或气压水罐。上述规定说明,属于该规范管理范围内的工业与民用建筑,允许采用气压给水设备替代高位消防水箱。临时高压给水系统中替代高位消防水箱的气压给水设备,应具有等同于高位消防水箱的功能与供水能力。

2.《高层民用建筑设计防火规范》

原《高规》没有关于气压给水设备的规定,说明属于该规范管理范围内的民用建筑,不允许采用气压给水设备替代高位消防水箱。

原《高规》规定,当高位消防水箱不能满足最不利点消火栓静水压力规定值的要求时,应设增压设备(该规范中称为"增压设施"),并且规定:增压水泵的出水量,对消火栓给水系统不应大于 5 L/s;对自动喷水灭火系统不应大于 1 L/s。

气压水罐的调节水容量宜为 450 L。

条文说明对"调节水容积宜为 450 L"的解释：设置增压设施的主要目的是在火灾初起时，消防供水泵启动前，满足消火栓和自喷系统的水压要求。对增压水泵，其出水量应满足一个消火栓用水量或一个自喷系统喷头（指 $K = 80$ 喷头）的用水量。对气压水罐，其调节水容积为 2 支水枪和 5 只喷头 30 s 的用水量，即 $2 \times 5 \times 30 + 5 \times 1 \times 30 = 450$ L。

以上规定表明：增压设备是高位消防水箱的附属设备，用于保障消防供水泵启动之前消防用水的供水压力。

该规范确定增压设施基本数据的依据：

（1）增压设备的持续供水时间，立足于水泵启动时间，按水泵启动时间 30 s 设定；

（2）水泵启动时间 30 s 内启用的出水组件，按 2 支 19 mm 喷嘴水枪与 5 只 $K = 80$ 喷头同时灭火设定；

（3）将 2 支 19 mm 喷嘴水枪与 5 只 $K = 80$ 喷头协同灭火的合计流量设定为消防工作流量，即 $2 \times 5 + 5 \times 1 = 15$ L/s；

（4）将消防工作流量与持续供水时间的乘积设定为增压设备气压水罐的消防水容积，即 $15 \times 30 = 450$ L。

原《高规》按 30 s 设定的持续供水时间，仅包括水泵启动时间，不包括确认火灾并输出信号占用的时间以及启动主供水泵失败时切换启动备用供水泵或备用动力占用的时间。

在闭式喷头被火灾驱动后或人为确认火灾并揿动启泵按钮后的 30 s 内，不可能出现 5 只 $K = 80$ 喷头与 2 支水枪同时出水灭火并且同步启动消防供水泵的场景。

若将此类增压设备与 $K = 80$ 喷头的湿式系统配套使用，并将初期供水流量设定为 5 L/s，其持续供水时间为 90 s；而将此类增压设备与室内消火栓系统配套使用，并将初期供水流量设定为 10 L/s，其持续供水时间为 45 s。

3.《自喷系统设计规范》

《自喷系统设计规范》（2001 年版）规定：建筑高度不超过 24 m，并按轻危险级或中危险级设置湿式系统、干式系统、预作用系统时，如设置高位消防水箱确有困难，应采用 5 L/s 流量的气压给水设备供给 10 min 初期用水量。

《自喷系统设计规范》沿用原《建规》的规定,将持续供水时间按 10 min 设定。参照国外关于自喷系统"控火"成功率与闭式喷头开放数量之间关系的统计资料,将限定范围内建筑设置的湿式自喷系统,在 10 min 持续供水时间内开放的闭式喷头数按 4 只设定,同时要求 $K = 80$ 喷头的应用压力按 0.1 MPa 设定,初期供水流量按 5 L/s 设定。

该规范 2005 年版将此条规定修改为:不设高位消防水箱的建筑,湿式自喷系统应设气压给水设备。气压给水设备的有效水容积,应按系统最不利处 4 只喷头在最低工作压力下的 10 min 用水量确定。修改后的条文扩大了此条规定的应用范围,规定采用大流量闭式喷头的湿式系统,应以闭式喷头的选型、最不利点喷头的应用压力以及同时启用 4 只喷头并持续供水 10 min 为条件,确定气压给水设备的有效水容积。

根据上述规定,不设高位消防水箱的建筑,与湿式系统配套的气压给水设备应按下列要求设置:

(1) 消防工作流量应按同时启用最不利点及其附近 4 只喷头设定;

(2) 消防工作压力应按向最不利区域输送消防工作流量所需要的供水压力确定;

(3) 有效水容积应按持续供应 10 min 消防工作流量确定。

《自喷系统设计规范》(2017 年版),将气压给水设备的有效水容积修改为"应按系统最不利处 4 只喷头在最低工作压力下的 5 min 用水量确定"。相应的条文说明指出,修改此条规定的依据是"确保消防供水泵在报警后 5 min 内正常工作"。

对比现行《消防给水及消火栓规范》在条文说明中的解释,确保消防供水泵在报警后 5 min 内正常工作,是指人工启动消防供水泵的时间不应超过 5 min。

(1) 如果是安保值班人员在接收确认火灾信号后采用手动远程控制方式启动消防供水泵,正常情况下 2 min 之内,水泵便可投入运行;

(2) 如果自动和手动远程启动主泵失败,安保人员到水泵房采取应急操作方式启动消防供水泵,以及启动备用柴油机水泵或备用自备发电机的程序均由人工完成所占用的时间,均应规定在"人工启用消防供水泵需要的时间"内,应不超过 5 min。

人工启用消防供水泵需要的时间,应是最不利条件下人为启用消防供水泵所占用的时间,与因消防供水泵失效而等待增援供水所占用的时间,应该是两个不同的概念。

4.《民用建筑水灭火系统设计规程》

《上海规程》规定,用于临时高压给水系统的增压设备(该规程中称为"局部稳压设施")应采用下列数据:

(1)湿式系统、消火栓系统以及消火栓与湿式系统合用的气压水罐,调节水容积分别按不小于 150 L,300 L 及 450 L 确定;

(2)室内消火栓系统与湿式系统不得合用稳压泵,流量分别宜采用 5 L/s 与 1 L/s,合用消防泵的消火栓系统与湿式系统,合用稳压泵的流量宜采用 3 L/s;

(3)稳压泵启泵压力与稳压泵停泵压力之间的差值以及稳压泵启泵压力与启动消防供水泵压力之间的差值,均不应小于 0.05 MPa。

按照该规程规定,增压设备气压水罐的调节水容积,与湿式系统配套时不应小于 150 L(5×1×30=150 L),与消火栓系统配套时不应小于 300 L(2×5×30=300 L),消火栓系统与湿式系统合用时不应小于 450 L。

以上规定沿用了原《高规》关于增压设施持续供水时间按水泵启动时间确定为 30 s 的规定,并按与灭火系统的配套方式,将增压设备划分为湿式系统单用、室内消火栓系统单用以及湿式系统与室内消火栓系统合用三种类型,相应气压水罐的调节水容积分别规定为 150 L,300 L 及 450 L。

《上海规程》规定,稳高压给水系统中的稳压设备应采用下列数据:

(1)湿式系统单用与消火栓系统单用、湿式系统与室内消火栓系统合用、湿式系统与室内室外消火栓系统合用的稳压罐,总容积分别不应小于 50 L,80 L,120 L。

(2)湿式系统单用、消火栓系统单用、消火栓与湿式系统合用的稳压泵,流量分别宜采用 1 L/s,5 L/s 及 3 L/s。

(3)稳压泵的启泵压力与停泵压力之间的差值以及稳压泵启泵压力与启动消防供水泵压力之间的差值,均不应小于 0.05 MPa。

5.《消防气压给水设备》

公安行业标准《消防气压给水设备》规定,消防气压给水设备的气压水罐应采用下列数据：

(1) 消防工作流量不宜小于 5 L/s；

(2) 消防工作压力不宜小于 0.4 MPa；

(3) 补充水容积与缓冲水容积的取值不宜大于 50 L；

(4) 应急气压水罐的有效水容积不宜小于 3.0 m³；

(5) 普通气压水罐的有效水容积不宜小于 0.45 m³。

该标准沿用原《建规》关于高位消防水箱持续供水时间的规定,将应急气压给水设备的持续供水时间确定为不宜小于 10 min。采用《自喷系统设计规范》(2001 年版)中初期供水流量数据,将消防工作流量设定为不宜小于 5.0 L/s。按 10 min 持续供应 5.0 L/s 消防工作流量,将应急气压给水设备的有效水容积确定为不宜小于 3.0 m³(0.005×60×10＝3.0 m³)。为此,有效水容积为3.0 m³的应急气压水罐,仅适用于阶段性流量设定为 5.0 L/s、等待增援供水需要的时间设定为 10 min 的临时高压消防给水系统。

该标准没有说明规定"消防工作压力不宜小于 0.4 MPa"的依据,没有为"普通气压水罐"明确功能定位。此外,按照该标准的规定,气压水罐的有效水容积包含缓冲水容积。

6.《消防增压稳压给水设备》

公安行业标准《消防增压稳压给水设备》规定的数据：

(1) 增压稳压设备气压水罐的有效水容积,消火栓系统单用型、自动喷水灭火系统单用型不宜小于 0.30 m³,消火栓系统与自动喷水灭火系统合用时不宜小于 0.45 m³；

(2) 消防给水压力下限,自动喷水灭火系统单用型不宜小于 0.07 MPa,消火栓系统单用型、消火栓与自动喷水灭火系统合用型不宜小于 0.15 MPa。

7.《建筑给水排水设计手册》

《建筑给水排水设计手册》提出的消防气压水罐的运行参数：

(1) 消防所需最低压力 P_1,应为消防工作压力,应设定为气压水罐的最低工作压力；

(2) 贮备消防水量后的压力 P_2,是指气压水罐贮备 150 L,300 L,450 L 消防水量后的压力,应设定为启动消防供水泵压力；

(3) 稳压泵启泵压力 P_3,一般按比启动消防供水泵压力 P_2 高 0.03～

0.05 MPa设定；

（4）稳压泵停泵压力 P_4，是指调节系统漏损水量后的压力，一般按比稳压泵启泵压力 P_3 高 0.1 MPa 左右设定，应是气压水罐的最高工作压力。

该手册采用控制气压水罐内压力的方法控制补充水容积和缓冲水容积。将自消防工作压力起充入 0.15 m³，0.30 m³ 或 0.45 m³ 消防水量后的压力确定为启动消防供水泵压力。由启动消防供水泵压力与稳压泵启泵压力控制缓冲水容积，由稳压泵启泵压力与稳压泵停泵压力控制补充水容积。

8. 对比分析

由于概念上存在差异，以上规范、规程、产品标准及设计手册，针对增压设备气压水罐中各项储水容积规定的数据并不相同。

原《高规》和《上海规程》将增压设备气压水罐中的调节水容积规定为按有效水容积与补充水容积及缓冲水容积之和确定。调节水容积的取值按增压设备的类型分别规定为 0.45 m³，0.30 m³，0.15 m³。调节水容积与补充水容积之差为有效水容积，若补充水容积按 50 L 取值，则有效水容积分别为 0.40 m³，0.25 m³，0.10 m³。有效水容积与缓冲水容积之差为输出启动消防供水泵信号后的消防用水量，若缓冲水容积按 50 L 取值，则输出启动消防供水泵信号后的消防用水量分别为 0.35 m³，0.20 m³，0.05 m³。

产品标准《消防增压稳压给水设备》规定，增压设备气压水罐中的调节水容积按有效水容积与补充水容积之和确定。若有效水容积的取值按 0.45 m³，0.30 m³，0.15 m³ 确定，补充水容积的取值按 50 L 确定，则调节水容积分别为 0.50 m³，0.35 m³，0.20 m³。输出启动消防供水泵信号后的消防用水量为有效水容积与缓冲水容积之差，分别为 0.40 m³，0.25 m³，0.10 m³。

《建筑给水排水设计手册》将输出启动消防供水泵信号后的消防水量按 0.45 m³，0.30 m³，0.15 m³ 取值。因此，调节水容积应为输出启动消防供水泵信号后消防用水量与缓冲水容积、补充水容积之和，有效水容积为输出启动消防供水泵信号后消防水量与缓冲水容积之和。若补充水容积与缓冲水容积均按 50 L 取值，则有效水容积应分别为 0.50 m³，0.35 m³，0.20 m³，调节水容积应分别为 0.55 m³，0.40 m³，0.25 m³。

具体数据如表 12、表 13 所列。

表 12　气压水罐水容积数据　　　　　　　（单位：m³）

设备名称	产品标准《消防增压稳压给水设备》	《自喷系统设计规范》	《高规》	《上海规程》			
				自喷系统	消火栓	二合一	三合一
应急	3.0①	Q_{xt}	—	—	—	—	—
增压	单用 0.30①	—	0.45②	0.15②	0.3②	0.45②	—
	合用 0.45①						
稳压	—	—	—	0.05③	0.05③	0.08③	0.12③

注：表中①为有效水容积，②为调节水容积，③为总容积，且均按下限取值。

表 13　增压设备气压水罐水容积数据　　　　　　　（单位：m³）

资料名称	调节水容积	有效水容积	输出信号后消防用水量
《高规》	0.45	0.40	0.35
《上海规程》	0.45	0.40	0.35
	0.30	0.25	0.20
	0.15	0.10	0.05
产品标准《消防增压稳压给水设备》	0.50	0.45	0.40
	0.35	0.30	0.25
	0.20	0.15	0.10
《建筑给水排水设计手册》	0.55	0.50	0.45
	0.40	0.35	0.30
	0.25	0.20	0.15

　　综合上述分析，消防给水系统中由稳压泵和气压水罐组合的稳压设备，均应归类为稳压泵补水气压给水设备。设置此类设备时，按其预期功能确定相应参数。

　　初期供水气压给水设备的各项参数应按下列要求确定：

　　（1）应按自动启用消防供水泵需要的时间，确定初期供水的持续供水时间；

　　（2）与自喷系统配套的初期供水气压给水设备，持续供水时间应按自喷系统自动启用消防供水泵需要的时间设定；

（3）采用启泵按钮输出启动消防供水泵信号的室内消火栓系统,配套的初期供水气压给水设备,持续供水时间应按相应的自动启用消防供水泵需要的时间设定;

（4）设有压力联动装置的初期供水气压给水设备,输出启动消防供水泵信号后的持续供水时间,应按相应的自动启用消防供水泵需要的时间设定;

（5）消防工作流量应按初期供水时间内最不利区域同时启用出水组件的流量之和确定,消防工作压力应按向最不利区域输送消防工作流量的最低工作压力确定,消防储水量应按初期供水时间与消防工作流量的乘积确定。

应急供水气压给水设备的各项参数应按下列要求确定:

（1）应按等待增援供水需要的时间设定应急供水的持续供水时间;

（2）应按持续供水时间设定最不利区域内同时启用出水组件的数量及位置;

（3）按设定的同时启用出水组件的数量和位置确定消防工作流量;

（4）按向最不利区域输送消防工作流量确定气压水罐的消防工作压力,并确定为气压水罐的最低工作压力;

（5）应按持续供水时间与消防工作流量的乘积,确定气压水罐的消防储水量。

1.8.6 参数计算

临时高压给水系统通常采用稳压泵补水气压给水设备替代高位消防水箱,由稳压泵补水的气压水罐如图 6 所示。

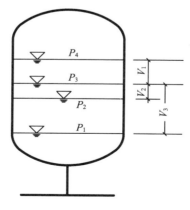

图6　稳压泵补水气压水罐示意图

相关参数如表 14 所列。

表 14　稳压泵补水气压水罐相关参数

参数	单位	含义
P_1	MPa	最低工作压力
P_2	MPa	启动消防供水泵压力
P_3	MPa	启动稳压泵压力
P_4	MPa	最高工作压力
V_1	m^3	补充水容积
V_2	m^3	缓冲水容积
V_3	m^3	有效水容积
V	m^3	总容积
V_{q1}	m^3	水容积
V_q	m^3	调节水容积
V_{qx}	m^3	最低工作压力下的气相容积
V_{q4}	m^3	最高工作压力下的气相容积
V_{q2}	m^3	启动消防供水泵压力下的气相容积
V_{q3}	m^3	稳压泵启泵压力下的气相容积

参数说明如下：

（1）最低工作压力应按消防工作压力（P_X）确定；

（2）启动稳压泵压力应是消防供水初始压力；

（3）最高工作压力应为稳压泵的停泵压力；

（4）调节水容积应为介于最低工作压力与最高工作压力的容积；

（5）P_X 和 V_{qx} 分别为气压水罐内充入有效水容积水量前的压力和气相容积，$V_{qx} = V - V_0$；

（6）P_2 和 V_{q2} 分别为气压水罐继续充入缓冲水容积水量前的压力和气相容积；

（7）P_3 和 V_{q3} 分别为气压水罐继续充入补充水容积水量前的压力和气相容积；

（8）P_4 和 V_{q4} 分别为气压水罐继续充入补充水容积水量后的压力和气相

容积。

　　配置稳压泵的消防气压给水设备,其消防给水压力下限(P)应按公式:$P = p_y + I$ 确定;气压水罐的最低工作压力(P_1)应按消防工作压力(P_X)确定:$P_1 = P_X$;消防工作压力应按公式:$P_X = P + 0.009\,8H$ 确定,其中,H 为气压水罐的供水高程差(m),高置气压水罐 H 应取负值,低置气压水罐 H 应取正值。

　　气压水罐最高工作压力按公式(16)计算:

$$P_4 = \frac{P_X + 0.098}{\alpha_b}(绝对压力)$$

$$= \frac{P_X + 0.098}{\alpha_b} - 0.098(表压) \tag{16}$$

　　《建筑给水排水设计手册》提出的气压水罐总容积计算公式:

$$V = \frac{\beta V_{q1}}{1 - \alpha_b} \tag{17}$$

式中　　α_b——气压水罐工作压力比, $\alpha_b = P_1/P_4$;

　　　　β——气压水罐的容积系数。

　　当 $V_{q1} = V_q$ 时, $V = \beta V_q/(1 - \alpha_b)$。

　　依据波义耳-马略特定律:$V_{qx}P_X = V_{q2}P_2 = V_{q3}P_3 = V_{q4}P_4$,由 $V_{q4} = V_{qx} - V_q$ 可得:

$$\begin{cases} V_{qx}P_x = (V_{qx} - V_q)P_4 = V_{qx}P_4 - V_qP_4 \\ V_{qx}P_4 - V_{qx}P_x = V_qP_4 \\ V_{qx}(P_4 - P_x) = V_qP_4 \\ V_{qx} = \dfrac{V_qP_4}{P_4 - P_x} = \dfrac{V_q}{1 - P_x/P_4} = \dfrac{V_q}{1 - \alpha_b} \end{cases} \tag{18}$$

　　综上所述,气压水罐的调节水容积(V_q)应按有效水容积(V_3)与缓冲水容积(V_2)、补充水容积(V_1)之和确定,即 $V_q = V_1 + V_2 + V_3$。

　　气压水罐内的消防储水量应为有效水容积(V_3)与缓冲水容积(V_1)之和,有效水容积应按消防工作流量与持续供水时间的乘积确定。

　　在气压水罐充入有效水容积(V_3)水量之前的最低工作压力应为消防工作

压力,气相容积为 V_{qx}。

$$V_{qx} = \frac{V_q}{1 - \alpha_b} = \frac{V_q P_4}{P_4 - P_X} \tag{19}$$

当气压水罐充入有效水容积水量之后,气相压力应为启动消防供水泵压力 P_2,气相容积为 V_{q2}。

$$
\begin{aligned}
V_{q2} &= V_{qx} - V_3 \\
P_X V_{qx} &= P_2 V_{q2} = P_2 (V_{qx} - V_3) \\
P_2 &= \frac{P_X V_{qx}}{V_{q2}} = \frac{P_X V_{qx}}{V_{qx} - V_3}
\end{aligned} \tag{20}
$$

当气压水罐中继续充入缓冲水容积水量后,气相压力应为启动稳压泵压力 P_3,相应的气相容积为 V_{q3}。

$$
\begin{aligned}
V_{q3} &= V_{qx} - V_3 - V_2 \\
P_X V_{qx} &= P_3 V_{q3} = P_3 (V_{qx} - V_3 - V_2) \\
P_3 &= \frac{P_X V_{qx}}{V_{q3}} = \frac{P_X V_{qx}}{V_{qx} - V_3 - V_2}
\end{aligned} \tag{21}
$$

当气压水罐中最终充入补充水容积水量后,气相压力应为关停稳压泵压力 P_4,相应的气相容积为 V_{q4}。

$$
\begin{aligned}
V_{q4} &= V_{qx} - V_3 - V_2 - V_1 \\
P_4 &= \frac{P_X V_{qx}}{V_{qx} - V_3 - V_2 - V_1}
\end{aligned} \tag{22}
$$

当缓冲水容积根据《消防气压给水设备》规定按 $V_2 = 50\ \text{L}$ 取值时,

$$
\begin{aligned}
V_{q3} &= V_{qx} - V_3 - 50 \\
P_3 &= \frac{P_X V_{qx}}{V_{qx} - V_3 - 50}
\end{aligned} \tag{23}
$$

当补充水容积根据《消防气压给水设备》规定按 $V_1 = 50\ \text{L}$ 取值时,

$$
\begin{aligned}
V_{q1} &= V_{qx} - V_3 - V_2 - V_1 \\
P_X V_{qx} &= P_4 V_{q1} = P_4 (V_{qx} - V_3 - 50 - 50) \\
P_4 &= \frac{P_X V_{qx}}{V_{qx} - V_3 - 50 - 50} = \frac{P_X V_{qx}}{V_{qx} - V_3 - 100}
\end{aligned} \tag{24}
$$

缓冲水容积与补充水容积按 50 L 取值时,启动消防供水泵压力和稳压泵的启泵压力、停泵压力应便于控制,消防供水泵不应发生误启动故障,稳压泵不应频繁启动。

《建筑给排水设计手册》提出:

(1) 按稳压泵启泵压力与启动消防供水泵压力的压力差 $\Delta P_2 = P_3 - P_2$ 控制缓冲水容积。ΔP_2 一般按 $0.03 \sim 0.05$ MPa 取值。

(2) 按稳压泵停泵压力与稳压泵启泵压力的压力差 $\Delta P_1 = P_4 - P_3$ 控制补充水容积。ΔP_1 一般按 0.10 MPa 取值。

采用 ΔP_2 的取值计算稳压泵启泵压力 P_3 和缓冲水容积 V_2:

$$
\begin{aligned}
&P_3 = P_2 + \Delta P_2 \\
&P_2 V_{q2} = P_3 V_{q3} = (P_2 + \Delta P_2) \times (V_{q2} - V_2) \\
&V_2 = V_{q2} - \frac{P_2 V_{q2}}{P_2 + \Delta P_2}
\end{aligned}
\tag{25}
$$

采用 ΔP_1 的取值计算稳压泵停泵压力 P_4 和补充水容积 V_1:

$$
\begin{aligned}
&P_4 = (P_3 + \Delta P_2 + \Delta P_1) \\
&P_2 V_{q2} = P_4 V_{q4} = (P_3 + \Delta P_2 + \Delta P_1) \times (V_{q2} - V_2 - V_1) \\
&V_1 = V_{q2} - V_2 - \frac{P_2 V_{q2}}{P_3 + \Delta P_2 + \Delta P_1}
\end{aligned}
\tag{26}
$$

气压给水设备的消防给水压力和气压水罐的消防工作流量、消防工作压力、稳压压力下限、稳压压力上限以及启动消防供水泵压力等属于设备运行参数,应由工程设计单位根据给定建筑及其消防给水系统的具体条件确定,应符合相关规范及产品标准的规定,并应在工程设计资料中明确标注。

制造商应在气压水罐标志牌(铭牌)中注明的参数:总容积(m^3)、设计工作压力(MPa)、容积系数、工作压力比、设计使用寿命等。

《消防气压给水设备》规定,设备的标志牌应注明的主要性能参数包括:稳压压力上限(MPa);稳压压力下限(MPa);主消防泵启动压力(MPa);消防给水压力下限(MPa);总容积(m^3);气压水罐设计使用寿命。

《消防增压稳压给水设备》规定,设备的标志牌应注明的主要性能参数包括:稳压压力上限(MPa)、稳压压力下限(MPa)、总容积(m^3)、气压水罐设计使用寿命。

气压给水设备投入运行后不得随意改动气压水罐的运行参数。

1.9 稳高压消防给水系统

稳高压消防给水系统的概念由《上海规程》提出。该规程术语对"稳高压给水系统"的表述：消防给水管网中平时由稳压设施保持系统中最不利点的水压以满足灭火时的需要，系统中设有消防泵的消防给水系统在灭火时，由压力联动装置启动消防泵，使管网中最不利点的水压和流量达到灭火的要求。

该规程在相应的条文说明中指出：稳压泵仅起到稳定系统压力的作用，不能代替灭火时的灭火作用。因此，稳压泵的流量应按照管道的设计渗漏量来确定，并且不宜大于一个消防用水点的流量，否则会影响消防主泵迅速及时投入工作。为防止稳压泵频繁启动，通常在稳压泵的给水管上并联设置系统的辅助稳压罐。

该规程对稳高压给水系统的规定，归纳如下：

（1）应设消防供水泵、高位消防水箱及稳压设备；

（2）不设高位消防水箱的建筑，稳高压给水系统应设消防供水泵及稳压设备；

（3）稳压设备由稳压泵和稳压罐及压力联动装置组成。

《石油化工企业设计防火规范》提出的稳高压给水系统概念：平时采用稳压设施维持管网的消防压力，但不能满足消防用水量，火灾时管网向外供水使系统压力下降，靠压力自动启动消防水泵，能提高固定消防设施的防护能力及应急水平，比临时高压系统供水速度快。

根据该规范的描述，稳高压给水系统的启动过程如下：

（1）平时保持稳压状态，管网压力不能满足消防用水量；

（2）确认火灾后启用出水组件，管网向外供水使管网压力下降，压力联动装置输出启动水泵信号；

（3）消防供水泵投入运行后管网建立高压供水状态。

临时高压给水系统的启动过程如下：

（1）平时保持稳压状态，管网压力不能满足消防用水量；

（2）确认火灾后揿动"启泵按钮"输出启动水泵信号；

（3）消防供水泵投入运行后管网建立高压供水状态。

该规范所指"能提高固定消防设施的防护能力及应急水平，比临时高压系统供水速度快"的依据，应是管网平时维持的稳压压力至少能够在自动启用消防供水泵需要的时间内，满足设定的初期流量的消防用水需求。按该规范要求设置的稳高压给水系统并不能满足上述要求，与临时高压给水系统比较，二者的差别仅在于：稳高压系统在人为启用消火栓后输出信号，临时高压系统在人为揿动启泵按钮后输出信号，输出信号与消防供水泵投入运行的时间并无明显差异。

1.9.1　稳高压给水系统的分类

按灭火系统类别对稳高压给水系统的分类：①自喷系统单用稳高压给水系统；②室内消火栓单用稳高压给水系统；③自喷系统与室内消火栓合用稳高压给水系统；④自喷系统与室内、室外消火栓合用稳高压给水系统。

按是否设置高位消防水箱对稳高压给水系统的分类：①设有高位消防水箱的稳高压给水系统，由消防供水泵、高位消防水箱及稳压泵等组成；②不设高位消防水箱的稳高压给水系统，由消防供水泵及稳压泵设备等组成。

1.9.2　稳高压消防给水系统的有关规定

1. 对高位消防水箱的规定

（1）与湿式系统配套的稳高压给水系统（自喷系统单用稳高压给水系统），高位消防水箱应保证最不利点喷头的最低静水压力和喷水强度，除了最不利点外的位置均应满足喷头工作压力要求。

（2）与室内消火栓配套的稳高压给水系统（室内消火栓单用稳高压给水系统），高位消防水箱应保证室内消火栓系统充满水并保持一定压力。

（3）超高层建筑应保证最不利点的室内消火栓静水压力不小于 0.15 MPa。

（4）高位消防水箱的消防贮水量，按原《建规》与原《高规》的规定确定。

（5）不设消防供水泵的重力消防给水系统，各区重力水箱的数量不应少于 2 个，每个水箱的有效容积不应小于 100 m³。重力水箱不能满足消防给水系统压力的部位，应采用稳高压消防给水系统。

2. 对稳压泵和稳压罐的规定

稳压设备包括四种类型：①自喷系统单用稳压设备；②室内消火栓系统单用

稳压设备;③自喷系统与室内消火栓系统合用稳高设备(以下简称"二合一稳压设备");④自喷系统与室内、室外消火栓系统三者合用稳压设备(以下简称"三合一稳压设备")。

稳压泵的流量按系统的泄漏流量不宜大于1个消防用水点(即1个出水组件)的流量、不影响消防供水泵迅速投入工作的要求确定:①消火栓系统单用稳压泵宜为5 L/s;②自喷系统单用稳压泵宜为1 L/s;③消火栓系统与自喷系统合用稳压泵宜为3 L/s。

稳压罐的规格用总容积表征,单用、二合一及三合一稳压罐的总容积分别规定为不应小于50 L,80 L及120 L。

稳压泵扬程应大于消防供水泵扬程,并应设备用泵。稳压泵的启泵压力与停泵压力之间的压力差以及稳压泵的启泵压力与启动供水泵压力之间的压力差,均不应小于0.05 MPa;启动供水泵压力应大于水箱底到最不利点的高程差。

按《上海规程》的规定设置的稳高压给水系统,其中的稳压设备与消防供水泵、应急和初期供水气压给水设备以及增压设备的功能不同:

(1)消防供水泵用于满足灭火系统设计流量及相应的供水压力;

(2)应急供水气压给水设备应用于满足应急供水时间内的阶段性供水流量及相应的供水压力;

(3)初期供水气压给水设备(包括增压设备)用于满足自动启用消防供水泵所需时间内的阶段性供水流量及相应的供水压力;

(4)稳压设备的供水压力,仅能在其持续供水时间内满足1个出水组件达到设定流量。

采用三合一稳压设备时,消防供水泵必须至少1台采用柴油机泵或柴油发电机供电的电动泵,并且不设水泵接合器。

3. 稳高压给水系统的操作

不论系统中是否设有高位消防水箱,平时均由稳压设备保持最不利点出水组件的静水压力。

自喷系统单用稳高压给水系统的稳压设备仅能满足系统流量不超过1 L/s时的用水需求;室内消火栓稳高压给水系统的稳压设备仅能满足系统流量不超过5 L/s时的用水需求,在灭火系统处于启用1只$K=80$喷头或1支水枪的状态下,将不驱动压力联动装置输出启动消防供水泵信号。

当灭火系统同时启用 2 个出水组件或系统流量分别超过 1 L/s 与 5 L/s 后，稳压设备将不再满足使同时启用的出水组件均达到设定工作压力的要求，系统压力将下降，并在下降至启动消防供水泵压力时，驱动压力联动装置输出启动消防供水泵信号。自输出启动消防供水泵信号至消防供水泵投入运行的时间段内，系统不能满足使同时启用的出水组件达到设定工作压力的要求。消防供水泵投入运行后，系统建立输送灭火系统设计流量的高压供水状态。

合用稳高压系统中的合用稳压设备，在压力联动装置输出启动消防供水泵信号之前可以满足系统流量不超过 3 L/s 时的用水需求；当系统用水需求超过 3 L/s 后，驱动压力联动装置输出启动消防供水泵信号；自输出启动消防供水泵信号至消防供水泵投入运行的时间段内，不能满足使同时启用的出水组件达到设定压力的要求。

如果高位消防水箱按照"保证最不利点及其附近喷头的最低静水压力和喷水强度"的要求设置，使最不利点及其附近 4 只喷头在同时被启用时均能持续保持设定的工作压力，与消防供水泵构成的消防给水系统将具备初期供水能力，无需配置稳压设备。不符合上述要求的高位消防水箱，将不具备初期供水能力，即使增设稳压设备形成稳高压给水系统，也不具备初期供水能力，因此不适用于湿式自喷系统。

室内消火栓单用稳高压给水系统，稳压设备的供水可使 1 支水枪保持设定压力。启用 2 个消火栓后，稳压设备将不能使同时启用的 2 个消火栓保持设定的工作压力，系统压力将在持续下降至启动消防供水泵压力时，由压力联动装置输出启动消防供水泵信号。消防供水泵投入运行后，建立可输送灭火系统设计流量的高压供水状态。因此，在输出启动消防泵信号之前，稳压设备具备支持 1 个消火栓及其连接水枪达到设定压力的能力，但在输出启动消防供水泵信号至消防供水泵投入运行的时间段内，不再具备使同时启用的消火栓及其连接水枪达到设定压力的能力，所以并不具备为室内消火栓提供初期供水的能力。

采用 1 L/s 流量稳压泵的自喷系统单用稳压设备，只能满足 1 只采用 0.05 MPa 应用压力的 $K = 80$ 喷头的用水需求，因此不具备为 $K = 80$ 喷头湿式系统提供初期供水的能力。

采用 5 L/s 流量稳压泵的室内消火栓单用稳压设备，只能支持 1 支水枪达到应用压力，压力联动装置动作后将不再具备支持同时启用 2 个室内消火栓达到设定出水压力的能力。

合用稳压设备仅能支持灭火系统不超过 3 L/s 流量的用水需求,同样不具备为自喷系统或室内消火栓初期供水的能力。

1.10　稳压泵

《消防给水及消火栓规范》删除了原《建规》中关于采用气压给水设备的规定,删除了原《高规》中关于高位消防水箱对局部区域供水欠压时应设增压设施的规定,改为"符合下列条件时应设稳压泵"的规定:①不设高位消防水箱的临时高压给水系统;②设有高位消防水箱,但处于最低供水水位时,水灭火设施最不利点处静水压力不能满足该规范规定值的临时高压给水系统。

该规范对稳压泵的功能,规定如下:①替代高位消防水箱,平时使供水与灭火系统保持稳压压力;②替代增压设备,在灭火系统启用出水组件后启动,提供"系统自动启动流量",促使系统启动。

该规范对稳压泵的性能要求的规定如下:

(1)稳压泵的设计流量不应小于消防给水系统管网的正常泄漏量和系统自动启动流量;

(2)消防给水系统管网的正常泄漏量应根据管道材质、接口形式等确定,当没有管网泄漏量数据时,稳压泵的设计流量宜按消防给水设计流量的 1%～3% 确定,且不宜小于 1 L/s;

(3)消防给水系统所采用的报警阀压力开关等的自动启动流量,应根据产品确定;

(4)稳压泵的设计压力应满足系统自动启动和管网充满水的要求,应使系统的稳压压力大于自动启泵压力值,增加值宜为 0.07～0.10 MPa,并应使系统最不利点处水灭火设施的静水压力大于 0.15 MPa;

(5)当稳压泵配置气压水罐时,其调节容积应根据稳压泵启泵次数不大于 15 次/h 计算确定,但有效储水容积不宜小于 150 L。

按系统自动启动流量设置稳压泵的临时高压给水系统,当设定的自动启动流量小于初期供水流量时,在自动启用消防供水泵需要的时间内,仅能为灭火系统输送系统自动启动流量,因此不具备初期供水能力,不具备替代初期供水高位消防水箱及其相应消防气压给水设备的条件,只能归类于单纯稳压设备。

闭式喷头开启后应立即按设定的工作压力喷水,这是湿式自喷系统的重要性能。当湿式系统配套采用设有消防供水泵的消防给水系统时,消防给水系统应配置稳压设施。配置的稳压设施应具备为灭火系统输送阶段性流量的能力,并应采用高位消防水箱、气压给水设备等自动供水设备。当按《消防给水及消火栓规范》的规定采用稳压泵时,应配套设置气压水罐,稳压泵的流量和选型应符合为灭火系统输送阶段性流量的要求,并应按稳压泵 1 h 启动 3～4 次确定气压水罐的选型及规格。

按上述规定设置稳压泵及气压水罐的临时消防给水系统,稳压泵符合输送阶段性流量供水泵的性能要求,按供水泵气压给水设备的运行规律操作,稳压泵与气压水罐可交替供水,直至消防供水泵投入运行后,系统进入高压供水状态。

1.11 消防软管卷盘

现行《建规》2014 年版的有关规定:

人员密集的公共建筑、建筑高度大于 100 m 的建筑和建筑面积大于 200 m² 的商业服务网点内应设置消防软管卷盘或轻便消防水龙。

可不设室内消火栓系统的建筑宜设置消防软管卷盘或轻便消防水龙,高层住宅建筑的户内宜配置轻便消防水龙。

相应条文说明的解释:消防软管卷盘和轻便消防水龙是控制建筑物内固体可燃物初起火的有效器材,用水量小、配备方便。

产品标准《消防软管卷盘》的规定:

消防软管卷盘——由阀门、输入管路、卷盘、软管和喷枪组成,并能在迅速展开软管的过程中喷射灭火剂的灭火器具。

消防软管的射程——在喷枪口距离地面 1 m、喷枪仰角 30°、顺风且风速小于 3 m/s 以及喷枪入口压力稳定在 0.4 MPa 的条件下,喷出灭火剂的喷洒密集中心到喷枪出口在地面的投影距离。

型号举例:JPS0.8-19/25 为额定工作压力 0.8 MPa,软管直径 19 mm,软管长 25 m 的非车用水软管卷盘。

非车用水软管卷盘的性能:喷射性能试验时软管卷盘的进口压力为

0.4 MPa时,流量应不低于24 L/min(0.4 L/s),射程应不低于6 m。

非车用消防软管卷盘的工程应用条件:

非车用水软管卷盘的产品标准对其使用性能仅规定了上述一组数据。制造商依据产品标准为市场提供的非车用消防软管卷盘的使用性能,也仅有上述一组数据。相关规范没有对非车用消防软管卷盘规定工程应用条件。

为此,当建筑工程的消防设计采用非车用消防软管时,只能将产品标准规定的非车用消防软管喷射性能,即软管入口压力为0.4 MPa时相应的流量不低于0.4 L/s、直流射程不小于6 m,视为工程应用的最低限度要求。

根据相关规范的规定,不同类别建筑高位消防水箱的最低供水压力分别为不得低于0.07 MPa、0.10 MPa或0.15 MPa,最高供水压力不得高于0.80 MPa。消防供水泵供水时室内消火栓的栓口出水压力不应大于0.5 MPa(或者最大不得大于0.7 MPa)。根据非车用消防软管卷盘产品标准的规定,符合上述条件的建筑,只有与高位消防水箱内水位之间的高程差达到40 m以上的楼层,才能使非车用消防软管卷盘的入口压力达到产品标准规定的0.4 MPa、喷枪射流的流量达到0.4 L/s、射程达到6 m,而高位消防水箱供水压力在0.07~0.4 MPa范围内的楼层,只有在消防供水泵投入运行后,才能使非车用消防软管卷盘达到可使喷枪射流达到6 m的工作压力。

作为工程建设标准,消防技术规范应将对建筑消防设施性能的最低限度要求规定为工程应用的下限条件。对非车用消防软管卷盘而言,其符合最低限度要求的工程应用条件应是:流量达到0.4 L/s,出水射流的射程达到6 m的工作压力。

如有必要,上述标准还应同时规定非车用消防软管卷盘的最高工作压力及相应的最大流量和最大射流射程,形成其在工程应用中的工作压力范围。

为此,制造商提供的非车用消防软管卷盘制品,既应符合产品标准,又应符合消防技术规范的要求。

设置非车用消防软管卷盘的建筑,消防给水系统应满足消防软管卷盘工作压力的要求。

同理,轻便消防水龙亦应确定符合消防规范最低限度要求的最低工作压力。设置轻便消防水龙的建筑,为轻便消防水龙供水的消防给水或自来水,应满足轻便消防水龙最低工作压力的要求。

2 自动喷水灭火系统

2.1 概述

"自动喷水灭火系统"(以下简称"自喷系统")是消防专业术语,特指一种固定安装在建筑物内,以水作灭火剂,主要用于扑救室内火灾并保护火灾现场的人员、物品以及建(构)筑物免遭火灾损伤的自动灭火系统。自喷系统由组件、辅件、供水和配水管道等组成,并应配套设置消防给水系统。

自喷系统属于建筑消防设施,其类型包括:湿式系统(亦称"湿管系统")、干式系统(亦称"干管系统")、预作用系统、雨淋系统和水幕系统等。

采用闭式洒水喷头的湿式系统、干式系统和预作用系统,可统称为闭式自动喷水灭火系统(以下简称"闭式自喷系统")。采用开式喷头的雨淋系统和水幕系统,可统称为开式自动喷水灭火系统(以下简称"开式自喷系统")。

湿式系统是自喷系统的基础类型,在各类自喷系统中结构最简单、应用范围最广泛、用量最大、造价最低。其他类型的自喷系统,是在湿式系统的基础上衍生的产物,具有一些不同于湿式系统的特殊性能。

2.1.1 各类自喷系统的共同特点

(1) 可在设置场所发生火灾时及时启动、喷水,并由消防给水系统持续供水。

(2) 通过均匀喷洒消防用水量,实现灭火、控制火灾范围、降低火场温度、防护冷却等预期功能。

(3) 当系统未能按预设条件操作时,灭火效能将下降甚至失效。

(4) 由喷头向下喷洒的水量,容易遭受梁、柱等建筑构件、隔断等分隔物,灯具等悬挂物,以及摆放在地面上的桌、案、橱、柜等家具或其他障碍物的阻挡,喷

67

水受阻现象将影响灭火效能。

（5）如果发生漏水或"误喷"故障,将对设置场所产生不必要的水渍污染。

2.1.2 各类自喷系统各自的特点

1. 湿式系统

（1）配置湿式报警阀组;

（2）稳压状态时配水管道充满有压水;

（3）闭式喷头开启后立即按设定强度对给定区域持续喷水;

（4）由配水管道中的有压水传输系统中的"水流"信号和"确有闭式喷头开启"的信号;

（5）适用于环境温度不低于4℃、不高于70℃的场所,因此不适用于低温场所和高温场所。

采用新型闭式喷头的湿式系统,包括:采用快速响应喷头的"快速响应系统";采用早期抑制快速响应喷头的"早期抑制快速响应系统";住宅和公寓中采用家用型喷头的"家用系统"（或称"住宅系统"）。仅在建筑物内局部区域设置的湿式系统,称为"局部应用系统"。

2. 干式系统

（1）配置干式报警阀组;

（2）稳压状态时配水管道内充满压缩空气;

（3）由配水管道内的压缩空气传输系统中"确有闭式喷头开启"的信号;

（4）在规定时间内配水管道由"干管"（术语,指不充水的配水管道）转换为"湿管"（术语,指充满水的配水管道）,使开启的闭式喷头按设定强度对给定区域持续喷水。

干式系统与湿式系统的不同之处:

（1）系统组成除采用干式报警阀组及加速器外,还需设置供气设施,配水管道上需设置快速排气阀,快速排气阀出口需串联安装电动控制阀;

（2）按设定强度持续喷水的起始时间滞后于湿式系统,因此,工作效能低于湿式系统;

（3）设置条件不受环境温度限制,因此适用于不适合采用湿式系统的低温场所和高温场所。

3. 预作用系统

目前采用"预作用系统"称谓的自喷系统,包括:单连锁预作用系统、双连锁预作用系统、无连锁预作用系统以及循环启闭预作用系统(以下简称"循环启闭系统")。

1) 单连锁预作用系统

(1)稳压状态下的配水管道为不充水的"干管";

(2)由配套设置的火灾自动报警系统优先于闭式喷头确认火灾,并自动启动为配水管道充水的"预作用"操作;

(3)配水管道按规定时间转换成"湿管";

(4)闭式喷头开启后立即按设定强度对给定区域持续喷水。

单连锁预作用系统与湿式系统、干式系统的不同之处:

(1)配套设置火灾自动报警系统;

(2)采用预作用报警阀组;

(3)性能优于干式系统,造价高于湿式系统。

单连锁预作用系统按设定强度持续喷水的起始时间以及系统的工作效能应等同于湿式系统,既可在低温场所和高温场所替代干式系统使用,又可在"忌水"场所替代湿式系统使用。

双连锁预作用系统和无连锁预作用系统,是由单连锁预作用系统派生出来的产物。

2) 双连锁预作用系统

(1)稳压状态下的配水管道为充入压缩空气的"干管";

(2)由配套火灾自动报警系统输出的"确认火灾"信号与系统输出的"确有闭式喷头开启"的信号,共同启动为配水管道充水的操作;

(3)配水管道按规定时间转换为"湿管"后,开启的闭式喷头按设定强度对给定区域持续喷水。

技术特点:①必须配置供气装置;②具备两套启动机构;③系统误启动的概率低;④系统效能等同于干式系统;⑤火灾自动报警系统失效时,系统无法自动启动。

3) 无连锁预作用系统

(1)稳压状态下的配水管道为充入压缩空气的"干管";

（2）根据配套火灾自动报警系统输出的"确认火灾"信号或系统输出的"确有闭式喷头开启"的信号，启动为配水管道充水的操作；

（3）配水管道按规定时间转换为"湿管"后，开启的闭式喷头按设定强度对给定区域持续喷水。

技术特点：①必须配置供气装置；②具备两套启动机构；③火灾自动报警系统正常时，等同于单连锁预作用系统；④火灾自动报警系统失效或停用时，等同于干式系统。

4）重复启闭系统

（1）配套火灾自动报警系统采用的感温探测器，可使系统具有分别输出"确认火灾"与在测点处恢复常温时输出"解除火警"两种信号的功能；

（2）火灾自动报警系统"确认火灾"后自动启动"预作用"操作，闭式喷头开启后按设定强度对给定区域持续喷水；

（3）当喷水有效控制火势、测点处环境恢复常态温度时，感温探测器输出"解除火警"信号，系统在经历"延时喷水"程序后停止喷水操作；

（4）一旦火灾复燃，火灾自动报警系统再次输出"确认火灾"信号，系统可重复启动喷水操作。

技术特点：①启动及喷水的操作过程与单连锁预作用系统相同；②启动喷水与停止喷水的操作可自动循环，可减少水渍损失。

4. 雨淋系统

（1）采用开式洒水喷头，由雨淋阀控制一组开式洒水喷头同时喷水，因此又可称作"同时喷水系统"；

（2）采用"自动控制"启动方式的雨淋系统，配套设置火灾自动报警系统或传动管报警系统（以下简称"传动管"）；

（3）雨淋系统启动后，在设置场所内立即形成犹如倾盆大雨的喷水状态，以立即大面积喷水的方式灭火；

（4）适用于具有水平蔓延速度快、灭火难度大的火灾，不适合采用闭式自喷系统的场所。

5. 水幕系统

（1）不具备灭火功能，但仍归类于自动喷水灭火系统的防火系统；

（2）其组成与雨淋系统类似，采用水幕喷头或开式洒水喷头，由雨淋阀控制一组开式喷头同时喷水；

（3）分为防火分隔水幕系统和防护冷却水幕系统两种类型；

（4）防火分隔水幕用于封堵建筑物中的孔、洞等开口，防护冷却水幕用于冷却保护分隔物或建筑构件；

（5）采用"自动控制"启动方式的水幕系统，配套设置火灾报警系统或传动管。

技术特点：①防火分隔水幕系统用于阻断火灾和烟气的蔓延；②防护冷却水幕系统用于冷却被保护对象。

1）水喷雾灭火系统（以下简称"水喷雾系统"）

（1）采用可将出水分散成粒径不超过 1 mm 雾状水滴的水雾喷头；

（2）由雨淋阀控制一组水雾喷头同时喷射雾状水；

（3）既可用于保护水平区域，又可用于保护立体对象；

（4）与雨淋系统的组成相似，但灭火机理有所不同。

2）自动喷水与泡沫联用系统

在湿式系统中配置可向配水管道内输送泡沫灭火剂的设备后，可使系统的供水与泡沫灭火剂形成泡沫混合液，并通过洒水喷头喷洒泡沫混合液，成为既能喷水、又能喷洒泡沫混合液的固定灭火系统，能够强化系统的灭火能力。系统类型包括：自动喷水与泡沫联用湿式系统、自动喷水与泡沫联用雨淋系统以及水喷雾与泡沫联用系统。

供给泡沫混合液的设备包括泡沫灭火剂（或称"泡沫原液"）储存容器和比例混合器等。泡沫灭火剂多采用水成膜泡沫灭火剂。

2.2 系统组件

2.2.1 洒水喷头

1. 洒水喷头分类

洒水喷头是自喷系统的出水组件，有闭式洒水喷头和开式洒水喷头两种类型。

闭式洒水喷头由框架、溅水盘和释放机构等零部件组成，此类喷头的常态是喷口被释放机构封闭,使喷头处于"常闭"状态。不安装释放机构而使喷口处于"常开"状态的洒水喷头,称为开式洒水喷头。释放机构中的热敏元件,常温状态下用于支撑释放机构,使喷头的喷口封闭,形成闭式喷头,开启闭式喷头的性能指标为"公称动作温度"。当置于系统中的闭式喷头遭遇火灾时,处于热环境中的热敏元件将在被加热到公称动作温度时动作,使释放机构脱落,并在入口水压的作用下打开喷口,喷口出水撞击溅水盘后,形成花洒状的均匀喷洒状态。

如上所述,闭式喷头可在其热敏元件达到规定温度时自动开启喷口并对出水均匀喷洒,因此闭式喷头具有相当于定温探测器、温控阀和花洒布水器的功能。安装闭式喷头的自喷系统,可在设置场所发生火灾时自动开启起火区域上方的闭式喷头,发挥自动探测火灾和确定起火位置、由开启的闭式喷头控制喷水面积、按预定的喷水强度均匀喷水的作用。

洒水喷头可按安装方式、流量系数、单只喷头保护面积、热敏元件、公称动作温度、响应时间指数、结构特点、应用场所等进行分类。

洒水喷头按安装方式可分为:下垂型喷头、直立型喷头、通用型喷头和边墙型喷头等。

下垂于配水支管安装,出水射流向下冲击溅水盘的称为下垂型喷头;直立于配水支管安装,出水射流向上冲击溅水盘的称为直立型喷头;既可下垂于配水支管安装,又可直立于配水支管安装的称为通用型喷头(曾被称为"普通型喷头");背靠邻近墙安装,将水向前方及两侧喷洒的同时向背后墙面喷洒一定水量的称为边墙型喷头,边墙型喷头有下垂型、直立型、水平型和通用型四种类型。

2. 洒水喷头性能参数

洒水喷头的流量系数、应用压力、单只喷头的保护面积,以及闭式喷头的公称动作温度、响应时间指数等,是影响自喷系统灭火效能的重要参数。

1) 流量系数

洒水喷头的流量系数根据式(27)确定:

$$K = \frac{q}{\sqrt{10P}} \tag{27}$$

式中　K——流量系数(min·MPa$^{0.5}$);

　　　q——喷头流量(L/min);

　　　P——喷头工作压力(MPa)。

产品标准规定的喷头流量测量方法(装置见图 12)：在稳定的喷头工作压力 0.05 MPa，0.15 MPa，0.25 MPa，0.35 MPa，0.45 MPa 下测量流量。实验用仪表：压力表 0.5 级，流量计 1.0 级。喷头的工作压力应按压力表的显示值以及自压力表至喷头之间的压力差(即水头损失)进行修正。喷头流量的实际测量值与按式(27)计算的数值，在 0.1 MPa 工作压力下的误差，$K=80$ 喷头为 ± 4 L/min，$K=115$ 喷头为 ± 6 L/min。

我国《自喷系统设计规范》(1985 年版)曾经将公称口径为 15 mm、流量系数 $K=80$ 的洒水喷头，命名为"标准喷头"。现行规范则称为"标准流量喷头"。

洒水喷头流量系数见表 15。

表 15　洒水喷头流量系数

序号	K(英制)	K(公制)	K 值比/%	接口/in
1	1.4	20	25	
2	1.9	27	33	
3	2.8	40	50	1/2
4	4.2	60	75	
5	5.6	80	100	
6	8.0	115	140	1/2 或 3/4
7	11.2	160	200	
8	14.0	200	250	3/4
9	16.8	240	300	
10	19.6	280	350	
11	22.4	320	400	1
12	25.2	360	450	
13	28.0	400	500	

注：流量系数 K 的英制单位为 $gpm/pai^{0.5}$。

在产品标准规定的测试条件下，下垂型喷头和直立型喷头向下喷洒的水量应为喷头出水量的 80%～100%，通用型喷头向下喷洒的水量应为喷头出水量的 40%～60%。边墙型喷头用于喷湿背后墙面的水量不得少于 3.5%，喷湿背后墙面范围的上限位置，低于溅水盘水平位置的距离不应大于

1.22 m。

2）保护面积

现行规范参照美国标准,将 $K=80$ 喷头称为标准流量喷头,将与 $K=80$ 喷头具有相同额定保护面积的喷头统称为"标准覆盖面积喷头"。不同流量系数的标准覆盖面积喷头,例如 $K=80$ 喷头与 $K=115$ 喷头,二者的额定保护面积相同,但喷水强度[L/(min·m²)]不同。在我国的自喷系统产品标准中,此类"标准覆盖面积喷头"的品种较少。

相同流量系数的洒水喷头可以具有不同的额定保护面积,可使洒水覆盖较大面积的洒水喷头,在产品标准中被称为"扩大覆盖面积喷头"(EC),其定义为:具有比常规洒水喷头更大的特定保护面积的洒水喷头。在《自喷系统设计规范》中,此类洒水喷头被称为"扩展覆盖喷头"。

我国标准中提出的公称口径为 10 mm,15 mm,20 mm 的标准覆盖面积喷头的流量系数 K 分别为 57,80,115。

我国《自喷系统设计规范》没有规定 $K=57$ 喷头的应用条件。

我国标准中提出的扩大覆盖面积喷头(EC)的公称口径为 15 mm,20 mm,其流量系数 K 为 80,115,160,200。

我国《自喷系统设计规范》仅对 $K=115$ 扩大覆盖面积喷头规定了应用条件。

3）公称动作温度

闭式喷头处于热环境中时,其热敏元件将在预定的温度范围内动作。闭式喷头标称的动作温度,称为"公称动作温度"。

按采用的热敏元件分类,闭式喷头有玻璃泡喷头和易熔合金喷头两种类型,相应的公称动作温度及颜色标志如表 16 所列。

表 16　闭式喷头的公称动作温度及颜色标志

玻璃泡喷头		易熔合金喷头	
公称动作温度/℃	液体色标	公称动作温度/℃	轭臂色标
57	橙	—	—
68	红	—	—
79	黄	55～77	无色

玻璃泡喷头		易熔合金喷头	
公称动作温度/℃	液体色标	公称动作温度/℃	轭臂色标
93	绿	80～107	白
107	绿	121～149	蓝
121	蓝	163～191	红
141	蓝	204～246	绿
163	紫	260～302	橙
182	紫	320～343	橙
204	黑	—	—
227	黑	—	—
260	黑	—	—
343	黑	—	—

4）响应时间指数

响应时间指数（Response Time Index，RTI）是度量闭式喷头热敏性能的指标，其计算式为

$$RTI = \tau \cdot u^{0.5} \tag{28}$$

式中 RTI——闭式喷头响应时间指数，公制单位为$(m \cdot s)^{0.5}$，英制单位为$(ft \cdot s)^{0.5}$；

τ——时间常数(s)；

u——气流速度(m/s)。

闭式喷头的响应时间指数与其热敏元件制作材料的比热、热敏元件的表面积以及热敏元件在热环境中向喷头体的导热损失等因素有关。比热小、表面积大、导热损失小的热敏元件，在热环境中的升温速度快，温度升至公称动作温度的时间短，可提高闭式喷头的热敏感性能，缩短闭式喷头在火场中的动作时间。

闭式喷头的响应时间指数应在进行标准插入实验后按式(29)确定：

$$RTI = \frac{-t_r \cdot u^{0.5}}{\ln\left[1 - \Delta T_{ea}\left(1 + \dfrac{C}{u^{0.5}}\right) \middle/ \Delta T_g\right]} \cdot \left(1 + \frac{C}{u^{0.5}}\right) \tag{29}$$

75

式中　t_r——标准插入实验测得的闭式喷头动作时间(s)；

　　　　u——实验装置测量段的热气流速度(m/s)；

　　　　ΔT_{ea}——闭式喷头公称动作温度与环境温度的温度差(℃)；

　　　　ΔT_g——实验装置测量段热气流温度与环境温度的温度差(℃)；

　　　　C——导热系数$(m \cdot s)^{0.5}$。

进行标准插入实验的实验装置为一套恒温恒速热风洞装置。实验装置测量段的气流温度与气流速度见表17。

表17　实验装置测量段的气流速度与气流温度

闭式喷头公称动作温度/℃	气流温度/℃			气流速度/$(m \cdot s^{-1})$		
	标准响应喷头	特殊响应喷头	快速响应喷头	标准响应喷头	特殊响应喷头	快速响应喷头
57～77	191～203	129～141	129～141	2.4～2.6	2.4～2.6	1.65～1.85
79～107	282～300	191～203	191～203	2.4～2.6	2.4～2.6	1.65～1.85
121～149	382～432	282～300	282～300	2.4～2.6	2.4～2.6	1.65～1.85
163～191	382～432	382～432	382～432	3.4～3.6	2.4～2.6	1.65～1.85

例如,闭式喷头试样的公称动作温度为68℃,实验装置测量段的气流温度稳定在197℃、气流速度稳定在2.56 m/s后,将在环境温度条件下经过恒温处理的闭式喷头试样突然插入实验装置测量段,测量闭式喷头试样的动作时间。

按照响应时间指数对闭式喷头分类,可分为标准响应喷头、快速响应喷头和特殊响应喷头三种类型。

(1) 快速响应喷头的响应时间指数不超过$50(m \cdot s)^{0.5}$,导热系数不超过$1.0(m \cdot s)^{0.5}$；

(2) 特殊响应喷头的响应时间指数介于$50(m \cdot s)^{0.5}$和$80(m \cdot s)^{0.5}$之间,导热系数不超过$1.0(m \cdot s)^{0.5}$；

(3) 标准响应喷头的响应时间指数介于$80(m \cdot s)^{0.5}$和$350(m \cdot s)^{0.5}$之间,导热系数不超过$2.0(m \cdot s)^{0.5}$。

玻璃泡直径$d=3$ mm的闭式喷头,$RTI \approx 30(m \cdot s)^{0.5}$,玻璃泡直径$d=5$ mm的闭式喷头,$RTI \approx 100(m \cdot s)^{0.5}$,已经淘汰使用的玻璃泡直径$d=8$ mm闭式喷头,RTI值更高。

3. 特殊类型喷头及新型喷头

1) 特殊类型喷头

特殊类型喷头包括平齐式喷头、嵌入式喷头、隐蔽式喷头和干式直立喷头等。产品标准按照安装时的定位要求,区分平齐式喷头、嵌入式喷头与隐蔽式喷头:

(1) 喷头体的全部或部分(包括接口螺纹)处于吊顶下平面以上位置,而部分或全部热敏元件必须处于吊顶下平面以下位置的为平齐式喷头。

(2) 喷头体的全部或部分(不包括接口螺纹)处于嵌入吊顶内的护罩内的为嵌入式喷头。

(3) 带有装饰盖板的嵌入式喷头为隐蔽式喷头。

干式直立喷头由短管和安装在短管出口的闭式喷头组成。在闭式喷头完好时,短管入口处的密封件阻止配水支管内的水进入短管,使短管处于无水状态。一旦闭式喷头开启,供水即进入短管。

2) 新型喷头

针对特定应用场所研制的新型洒水喷头包括:用于保护仓库的早期抑制快速响应(ESFR)喷头、家用喷头和超大口径喷头等。

早期抑制快速响应喷头的 $RTI \leqslant 28 \pm 8 (\mathrm{m \cdot s})^{0.5}$,玻璃泡直径 $d = 2.4 \mathrm{~mm}$,流量系数 K 为 161,202,242,363。我国《自喷系统设计规范》按 160,200,240,360 取值。

早期抑制快速响应喷头的特点是响应时间指数小、工作压力高、喷水的动量大、穿透力强,可增大实际送达燃烧面的灭火水量,因此直接冷却燃烧的能力强。

家用喷头是一种安装在家庭和其他类似居住空间内,在预定的温度范围内自行启动,按设计洒水形状和流量在设计保护范围内洒水的一种快速响应喷头。

家用喷头的 $RTI \leqslant 24 (\mathrm{m \cdot s})^{0.5}$,最低工作压力为 0.05 MPa。

家用喷头特有的参数(表18):

(1) 设计长度(A)——家用喷头设计保护面积的长度(m)。

(2) 设计宽度(B)——家用喷头设计保护面积的宽度(m)。

(3) 设计流量——家用喷头能够有效保护特定保护面积的最小流量(L/min)。

表 18　单只家用喷头的有效保护面积($A\times B$)及相应的最小流量

非边墙型家用喷头		边墙型家用喷头	
$A\times B$/(m×m)	单喷头最小流量/(L·min^{-1})	$A\times B$/(m×m)	单喷头最小流量/(L·min^{-1})
3.6×3.6	28	3.6×3.6	28
4.2×4.2	37	4.2×4.2	37
4.8×4.8	49	4.8×4.8	49
5.4×5.4	62	5.4×5.4	62
6.0×6.0	76	6.0×6.0	76
		4.8×5.4	55
		4.8×6.0	61
		5.4×6.0	69

　　设置场所中的家用喷头应连续喷湿一定范围的墙面,喷湿墙面范围的上缘至吊顶的距离应不大于 711 mm。设计保护面积为正方形的家用喷头,用于喷湿保护区域内墙面的水量,不应小于喷头洒水量的 5%;设计保护面积为长方形的家用喷头,用于喷湿保护区域内墙面的水量,不应小于式(30)的要求:

$$W = \frac{20L_1}{L} \tag{30}$$

式中　W——受水墙面上接收水量在喷头出水量中的占比(%);

　　　L_1——受水墙面的长度(m);

　　　L——保护区域的周长(m)。

检测家用喷头灭火性能的火灾实验室,规格如下:

(1)非边墙型家用喷头:长度为 $2L$,宽度为 W,高度为 2.4 m;

(2)边墙型家用喷头:长度为 $2W+2.7$(m),宽度为 L,高度为 2.4 m。

家用型喷头在产品标准规定的灭火性能试验中,应满足下列要求:

(1)吊顶($H=2.4$ m)下 76 mm 处的最高温度不应超过 315℃;

(2)地面以上 1.6 m 处的最高温度不应超过 93℃,且试验期间连续 2 min内的平均温度不应超过 54℃;

(3)吊顶表面背后 6 mm 处吊顶材料的最高温度不应超过 260℃。

测量上述温度指标的目的：①控制吊顶下方空间的最高温度；②控制人体耐热能力最差部位所处空间的最高温度；③控制吊顶材料的温度。

3）洒水喷头性能代号

洒水喷头的性能代号如表 19 所列。

表 19　洒水喷头性能代号

洒水喷头类型	代号	洒水喷头类型	代号
下垂型喷头	ZSTX	平齐式喷头	ZSTDQ
直立型喷头	ZSTZ	嵌入式喷头	ZSTDR
通用型喷头	ZSTP	隐蔽式喷头	ZSTDY
下垂边墙型喷头	ZSTBX	干式喷头	ZSTG
直立边墙型喷头	ZSTBZ	下垂型早期抑制快速响应喷头	ESFRP
通用边墙型喷头	ZSTBP	直立型早期抑制快速响应喷头	ESFRU
水平边墙型喷头	ZSTBS	家用喷头	RES

快速响应喷头、特殊响应喷头在性能代号前面分别添加"K-""T-"，扩大覆盖面喷头在性能代号后面添加"-EC"，带涂层喷头、带防水罩（《自喷系统设计规范》称"集热挡水罩"）喷头在性能代号前面分别添加"C-""S-"。

洒水喷头型号及规格举例：

（1）K-ZSTX 15～68℃，表示公称口径为 15 mm、公称动作温度为 68℃ 的下垂型快速响应喷头；

（2）ZSTBZ 20～93℃，表示公称口径为 20 mm、公称动作温度为 93℃ 的直立边墙型喷头；

（3）C-ZSTBS-EC 20～68℃，表示公称口径为 20 mm、公称动作温度为 68℃、带涂层的水平边墙型扩大覆盖面喷头；

（4）ESFR-363 74℃ U，表示流量系数 $K=363$、公称动作温度为 74℃ 的直立型早期抑制快速响应喷头。

2.2.2　水流指示器

产品标准的定义：用于将自动喷水灭火系统中的水流信号转换成电信号的一种报警装置。

产品标准对水流指示器应用性能的规定：

（1）灵敏度——驱动水流指示器输出报警信号的最小流量。流量小于或等于 15.0 L/min 时不应报警；报警流量应是 15.0～37.5 L/min 之间的任意值，最大不应大于 37.5 L/min。

（2）延迟时间——报警流量下水流指示器开始发出报警信号的时间。延迟时间应在 2～90 s 范围内。

（3）水力摩阻——在管道内水的流速为 4.5 m/s 的条件下，水流指示器的水力摩阻（或称"水头损失"）不得超过 0.02 MPa。

（4）额定工作压力为 1.2 MPa。

按照产品标准规定的报警流量，水流指示器将在发生下列情况时动作：

（1）《自喷系统设计规范》规定 $K=80$ 喷头在工作压力为 0.05 MPa 时的流量约为 56.5 L/min。因此，当湿式系统开启 1 只 $K=80$ 喷头后，将形成大于 37.5 L/min 的系统流量，将驱动水流指示器输出报警信号。

（2）当系统发生漏水故障时的漏水量达到水流指示器的报警流量检定值（15～37.5 L/min 之间的某一数值）时，水流指示器也将动作并输出报警信号。

（3）由于水流指示器存在非火警条件下输出信号的可能性，其输出信号不能视为"确认火灾"信号，只能视为"疑似火灾"的预警信号或故障信号。

产品标准规定，管道流速为 4.5 m/s 时水流指示器的局部水头损失不得超过 0.02 MPa。以 DN100 配水管为例，流速为 4.5 m/s 时的流量约为 35 L/s，而流量为 37.5 L/min（0.625 L/s）时的流速仅约为 0.08 m/s。以《上海规程》规定中Ⅰ级自喷系统采用 21 L/s 流量为例，DN100 管道内流量为 21 L/s 时的流速约为 2.7 m/s，而初期流量 5 L/s 时的流速约为 0.6 m/s。由此可见，产品标准提供的数据不能满足水力计算的需要。如果产品标准规定采用若干管道流速数据测试水流指示器的水力摩阻，并要求产品的型式检验报告和产品使用说明书提供一组数据或"水流指示器水力摩阻曲线图"，将有助于设计师在进行水力计算时确定水流指示器的局部水头损失。

2.2.3　压力开关

产品标准的定义：自动喷水灭火系统中的一个部件，其作用是将系统的压力信号转换为电信号，额定工作压力应不低于 1.2 MPa。

产品标准对压力开关动作压力的规定：动作压力应是压力开关动作时的最低压力值。普通型压力开关为 0.035～0.05 MPa，预作用装置压力开关为 0.03～0.05 MPa。

2.2.4　报警阀组

1. 湿式报警阀组

湿式报警阀（以下简称"湿式阀"）是湿式系统的重要组件，与安装于湿式阀入口的水流控制阀以及延迟器、压力开关、水力警铃、压力表、过滤器、试验阀等配套组成湿式报警阀组（以下简称"湿式阀组"）。湿式阀的额定工作压力有 1.2 MPa 和 1.6 MPa 两个等级。

1）产品标准中的术语

（1）湿式阀——只允许水流向湿式阀出口，并在规定压力和流量下驱动配套部件报警的一种单向阀。

（2）伺应状态——湿式阀安装在管路系统中，由水源供给压力稳定的水，而无水从报警阀系统侧任何出口流出的状态（注："系统侧"是指报警阀的出口一侧）。

（3）报警流量——湿式阀处于伺应状态，缓慢增大湿式阀出口流量，湿式阀阀瓣开启瞬间的流量。

（4）延迟时间——自湿式阀出口侧放水至报警装置连续报警的时间差。

根据产品标准中术语的介绍，湿式阀是一种只能在出口流量与入口水压同时符合规定条件时才能开启，并在开启后驱动配套的报警器件输出报警信号的止逆阀。或者说，湿式阀只有在出口流量达到与入口压力相匹配的规定值时才能开启。湿式阀开启后可向阀体外溢流出一股报警水流，由报警水流驱动配套的报警器件输出报警信号。

2）湿式阀的报警性能

产品标准对湿式阀的报警性能（即开阀条件）的规定：装配好的湿式阀，在进口压力为 0.14 MPa、系统侧放水流量为 15 L/min 时，压力开关和水力警铃均不应发出报警信号；装配好的湿式阀，在进口压力为 0.14 MPa，0.70 MPa，1.20 MPa，1.60 MPa（1.60 MPa 仅适用于额定工作压力为 1.60 MPa 的湿式阀），系统侧放水流量为 60 L/min，80 L/min，170 L/min（170 L/min 分别适用于额定工作压力为 1.20 MPa 与 1.60 MPa 的湿式阀）时，压力开关和水力警铃均应发出报警信号。如表 20 所列。

表 20　产品标准规定的湿式阀的开启条件

额定工作压力 /MPa	入口水压 /MPa	出口流量 /(L·min⁻¹)	湿式阀状态
1.20	0.14	15	不应开启
		60	开启并报警
	0.70	80	
	1.20	170	
1.60	0.14	15	不应开启
		60	开启并报警
	0.70	80	
	1.60	170	

稳压状态下的湿式系统，湿式阀应处于关闭状态。开启湿式阀的条件，应是湿式阀出口流量与设定的湿式阀入口压力相对应，湿式阀出口流量即为开启闭式喷头后的系统流量。对于额定压力为 1.2 MPa 的湿式阀，当开启湿式阀的系统流量分别按 60 L/min，80 L/min，170 L/min 设定时，湿式阀入口压力应分别按不大于 0.14 MPa，0.70 MPa，1.2 MPa 确定；额定压力为 1.6 MPa 的湿式阀，湿式阀入口压力应分别按接近但不大于 0.14 MPa，0.70 MPa，1.6 MPa确定。

开启湿式阀的规定流量，60 L/min 与 1 只 $K=80$ 喷头在 0.05 MPa 工作压力下的流量基本相当，80 L/min 等于 1 只 $K=80$ 喷头在 0.10 MPa 工作压力下的流量，170 L/min 与 2 只 $K=80$ 喷头在 0.10 MPa 工作压力或 3 只 $K=80$ 喷头在 0.05 MPa 工作压力下的流量基本相当。因此，应将与开启最不利处 1 只、2 只和 3 只 $K=80$ 喷头对应的 60 L/min，80 L/min，170 L/min 流量，确定为采用 $K=80$ 喷头的湿式系统开启湿式阀的法定流量，将开启最不利处 1 只、2 只和3 只 $K=80$ 喷头确定为开启湿式阀的工程条件。

产品标准中有关湿式阀报警性能的其他规定：

（1）在开启湿式阀的过程中，阀瓣上下两侧压差最大时，入口压力与出口压

82

力的比值不应大于 1.16；

（2）湿式阀开启后，湿式阀组中的压力开关应输出报警信号，水力警铃应发出声响警报；

（3）自湿式阀出口侧开始按规定流量放水，至湿式阀组中的压力开关、水力警铃发出连续报警信号的时间，应符合规定的延迟时间；

（4）湿式阀出口关停水流、系统恢复零流量状态后，湿式阀应能自动复位。

3） 湿式系统设置湿式阀组的目的

（1）按设定数量开启闭式喷头后开启湿式阀；

（2）湿式阀开启后为已开启的闭式喷头接通消防供水；

（3）湿式阀开启后驱动配套的压力开关输出报警及启动系统供水泵的信号，驱动水力警铃就地报警。

稳压状态下的湿式系统，湿式阀应处于关闭状态，应由稳压设施按设定条件保持稳压压力及湿式阀入口压力。

湿式系统开启闭式喷头后，当系统流量与湿式阀入口压力符合可开启湿式阀的匹配关系时，湿式阀阀板将在阀入口侧与阀出口侧之间水压差的作用下开启。湿式阀开启后，从湿式阀导出的报警水流，在充满延迟器后流向并驱动压力开关输出报警及启动系统供水泵的信号，驱动水力警铃发出声响警报。系统供水泵应在接收启动信号后按自动控制方式启动。

4） 湿式阀性能参数

在产品标准规定的湿式阀性能要求中，与工程应用密切相关的参数包括：开启湿式阀的工程条件、报警延迟时间和水力摩阻（水头损失）。

（1）开启湿式阀的工程条件

开启湿式阀的工程条件：开启预定数量闭式喷头后形成的系统流量以及驱动湿式阀开启的入口压力。

以采用 $K = 80$ 闭式喷头、工作压力不大于 1.2 MPa 的湿式系统为例，应按设置场所发生火灾并驱动 1 只、2 只或 3 只闭式喷头后形成的系统流量以及湿式阀入口压力应分别不大于 0.14 MPa，0.70 MPa，1.2 MPa，确定为开启湿式阀的工程条件。当已开启闭式喷头形成的系统流量与湿式阀入口压力符合开启湿式阀的匹配关系时，稳压压力将驱动湿式阀开启，并由配套的压力开关输出信号。由湿式阀组中压力开关输出的信号，应视为确认设置场所发生火灾，并且系统中确有设定数量的闭式喷头开启的信号,以及指令自动启动消防供水泵的信号。

为此,湿式阀的型式检验报告和产品使用说明书,应提供湿式阀在法定流量 60 L/min,80 L/min,170 L/min 条件下开启湿式阀的入口压力,并应符合产品标准的规定。

某甲制造厂 ZSFZ150 湿式阀报警流量的实测数据如下:

湿式阀入口压力为 0.14 MPa 时的实测报警流量为 23.6 L/min;

湿式阀入口压力为 0.70 MPa 时的实测报警流量为 53.3 L/min;

湿式阀入口压力为 1.20 MPa 时的实测报警流量为 66.7 L/min。

该厂该型号湿式阀的实测数据表明:没有以产品标准规定的报警流量为条件,实测开启湿式阀的入口压力;以产品标准规定的入口压力为条件实测的报警流量明显低于产品标准的规定值,致使对应于法定湿式阀入口压力下的报警流量,不符合产品标准的规定。

按入口压力 0.14 MPa 实测的报警流量,明显低于产品标准规定的 60 L/min,明显低于 $K = 80$ 喷头对应于 0.05 MPa 工作压力下的流量,不符合 $K = 80$ 喷头的湿式系统开启 1 只最不利点喷头后的系统流量。如果 $K = 80$ 喷头的湿式系统的工程设计按 0.14 MPa 确定湿式阀入口压力及安装位置,当系统发生漏水事故且流量达到 23.6 L/min 时,也将驱动湿式阀开启并输出报警及启动消防供水泵的信号,使湿式阀组压力开关输出的信号不再是唯一的"确认火灾"信号。

按湿式阀入口压力为 0.70 MPa 实测的报警流量,明显低于 $K = 80$ 喷头在 0.10 MPa 工作压力下的流量,与 $K = 80$ 喷头的湿式系统开启最不利点 1 只工作压力为 0.10 MPa 喷头后的系统流量不符。对于最不利点喷头工作压力为 0.05 MPa、湿式阀入口压力为 0.70 MPa 的 $K = 80$ 湿式系统,湿式阀组压力开关输出的报警信号可以视为"确认火灾"信号;而对于最不利点喷头工作压力为 0.10 MPa、湿式阀入口压力 0.70 MPa 的 $K = 80$ 湿式系统,湿式阀组压力开关输出的报警信号不再是唯一的"确认火灾"信号。

按湿式阀入口压力为 0.12 MPa(或 0.16 MPa)实测的报警流量为 66.7 L/min,高于 $K = 80$ 喷头在 0.05 MPa 工作压力下的流量,低于 $K = 80$ 喷头在 0.10 MPa 工作压力下的流量。对于 $K = 80$ 湿式系统而言,当湿式阀入口压力按 1.2 MPa(或 0.16 MPa)确定时,最不利点喷头的工作压力应按实测的报警流量确定,只有这样才能将湿式阀动作后由配套压力开关输出的信号确定为"确认火灾"信号,而对于最不利点喷头应用压力采用 0.10 MPa、湿式阀入口压力为1.2 MPa(或 0.16 MPa)的 $K = 80$ 湿式系统而言,湿式阀组压力开关输出的报警信号,不再是唯一的"确认火灾"信号。

以上分析表明:

采用产品标准规定的报警流量时,无法确定该厂该型号湿式阀的开阀入口压力,因此无法按规定的报警流量确定湿式阀在系统中的准确安装位置。若按产品标准规定的入口压力确定湿式阀的安装位置,将存在因非火警因素驱使湿式阀动作的风险,使系统中安装的湿式阀不再具有只在系统中确有喷头动作时方才开启的特定功能,限制了该厂该型号湿式阀自身的使用范围。

为此,该厂 ZSFZ150 湿式阀应按产品标准的规定,重新检验与 60 L/min、80 L/min,170 L/min出口流量对应的开启湿式阀的入口压力。

某乙制造厂 ZSFZ100 湿式阀报警流量的实测数据如下:

湿式阀入口压力 0.14 MPa 对应的报警流量为 37.2 L/min;

湿式阀入口压力 0.70 MPa 对应的报警流量为 80 L/min;

湿式阀入口压力 1.20 MPa 对应的报警流量为 115 L/min。

该厂该型号湿式阀的实测数据表明:同样存在报警流量与湿式阀入口压力的对应关系不符合产品标准规定的问题。

在入口压力 0.14 MPa 下测取的 37.2 L/min 报警流量不符合产品标准的规定,不能作为最不利点喷头应用压力采用 0.05 MPa、湿式阀入口压力为 0.14 MPa 的 $K = 80$ 喷头的湿式系统确认系统中确有喷头开启的依据,因此应补测报警流量为 60 L/min 时的开阀压力数据。

入口压力为 0.70 MPa 的实测报警流量为 80 L/min,符合产品标准规定,在最不利点喷头应用压力采用 0.10 MPa 的 $K = 80$ 喷头的湿式系统中使用时,可以作为确定系统中"确有闭式喷头开启"的依据。

入口压力为 1.20 MPa 的实测报警流量为 115 L/min,说明该厂该型号湿式阀在 $K = 80$ 喷头的湿式系统中使用时,可以在系统开启 2 只闭式喷头后开启。

此外,对 $K = 115$ 喷头的湿式系统而言,该厂该型号湿式阀可以按入口压力 1.20 MPa、最不利点喷头流量不小于 115 L/min 的特定条件在工程中使用。

采用 $K = 115$,$K = 160$ 等大流量喷头的湿式系统,应在按喷头应用压力设定报警流量的条件下,通过检验确定符合产品标准及工程应用要求的开启湿式阀的入口压力。

综上所述,湿式系统中设置的湿式阀,应在确有闭式喷头开启、开启喷头的工作压力符合设定压力并且系统流量符合法定报警流量的条件下开启。如果驱使湿式阀开启的实际报警流量明显不符合产品标准规定的法定报警流量,将使湿式阀的功能发生以下变化:可以在已开启闭式喷头处于工作压力不足的条件下动作报警;可能在非火警条件(如系统发生漏水事故)下动作报警。

为了防止发生上述情况,开启湿式阀的报警流量及其对应的湿式阀入口压力,必须符合产品标准的规定。

产品标准对湿式阀补偿器的定义:能够平衡湿式阀阀板两侧阀腔的水压,并能最大限度减少湿式阀误动作的辅助部件,是用于保障湿式阀在规定条件下开启,防止湿式阀因入口水压波动或冲击而误动作的技术措施。

当因系统存在漏水现象使湿式阀出口发生流量时,通过补偿器可以向湿式阀出口侧阀腔补水;当湿式阀入口压力波动时,通过补偿器可以向湿式阀出口侧阀腔传压。当湿式阀的出口流量小于与入口压力相匹配的报警流量时,补偿器将发挥平衡阀板两侧阀腔水压的作用,使湿式阀保持伺应状态。当湿式阀的出口流量与入口压力符合开启湿式阀的匹配关系时,补偿器的补偿作用将不足以平衡阀板两侧阀腔的水压,湿式阀阀板将在其两侧压力差的作用下开启;而当配水管道发生泄漏时,只要湿式阀出口侧管道内的流量低于湿式阀入口压力对应的报警流量,湿式阀将在补偿器的协助下继续保持稳定的关闭状态。

延迟器是与湿式阀配套使用的器件,产品标准将其定义为"可最大限度减少因湿式阀入口水压波动或冲击而造成误报警的一种容器式装置"。当湿式系统中确有闭式喷头开启而驱使湿式阀开启后,报警水流将在延迟时间内充满延迟器,并从溢流口流向并驱动压力开关和水力警铃报警。当因供水压力波动等原因,使湿式阀阀板出现振动或微小开启的现象时,虽然有水进入延迟器,但因流量偏小,可以由排水口及时外排而不足以充满延迟器,所以不会驱动压力开关和水力警铃报警。因此,延迟器是湿式阀组中防止误报警的器件。

水力警铃是一种依靠水力驱动的非电力驱动型报警装置,可在湿式阀报警水流驱动其铃锤时发出声响。在湿式系统中,当湿式阀开启后,配套水力警铃的入口水压不得低于 0.05 MPa,距离水力警铃 3 m 远处的响度(即声强平均值)不得低于 70 dB(A)。

（2）报警延迟时间

以产品标准规定的湿式阀入口压力及其相应的报警流量为条件，从湿式阀出口侧开始放水至压力开关和水力警铃发出连续报警信号所需要的时间称为湿式阀报警延迟时间。不配置延迟器的湿式阀组，报警延迟时间不应大于 15 s；配置延迟器的湿式阀组，输出报警信号前延迟器需要经历充水时间，所以报警延迟时间与延迟器的容积有关，按产品标准的规定应为 5～90 s。

湿式阀组的报警延迟时间以及干式阀、雨淋阀的开启时间，应计入自动启用消防供水泵需要的时间。

（3）水力摩阻

产品标准对湿式阀水力摩阻（局部水头损失）的规定如下：

在管道流速为 4.5 m/s（DN100 管道流量为 36 L/s，DN125 管道流量为 58 L/s，DN150 管道流量为 83 L/s）的条件下，湿式阀的水力摩阻不应大于 0.04 MPa；

制造厂应在湿式阀的阀体上和操作说明中，标注 4.5 m/s 流速条件下测定的湿式阀水力摩阻。4.5 m/s 流速条件下水力摩阻不超过 0.02 MPa 的湿式阀则无须标注；

根据标准试验绘制湿式阀水力摩阻曲线时，按管道流速确定的测点不应少于 3 个，最大流速不应大于 5.0 m/s。

工程设计中，可根据湿式阀水力摩阻曲线，判断不同流量条件下湿式阀的局部水头损失。

某湿式阀的水力摩阻实测数据如表 21 所列。

表 21　某丙制造厂 ZSFZ100 湿式阀的水力摩阻实测数据

流速/(m·s⁻¹)	1.52	2.49	3.53	4.50	5.00
流量/(L·s⁻¹)	12	20	28	35	40
水力摩阻/MPa	0.001 50	0.003 56	0.007 08	0.011 54	0.014 28

实测数据表明：该厂的 ZSFZ100 湿式阀，在 4.5 m/s 流速下的局部水头损失远低于标准规定的 0.04 MPa，2.5 m/s 流速下的局部水头损失低于 0.004 MPa，根据曲线确定的 5 L/s 系统流量（流速不超过 0.7 m/s）时的局部水

头损失仅约为 0.001 MPa。

如果产品标准规定应在产品使用
说明书中附有湿式阀水力摩阻曲线图,
设计师便可根据设计中确定的管道流
速,确定对应的湿式阀局部水头损失。

根据上述实测数据绘制该厂
ZSFZ100 湿式阀水力摩阻曲线,见
图 7。

某丁制造厂 DN100 湿式阀水力摩
阻的实测数据:

21 L/s 流量下(流速 2.7 m/s)水
力摩阻为 0.005 2 MPa;

28 L/s 流量下(流速 3.6 m/s)水
力摩阻为 0.009 5 MPa。

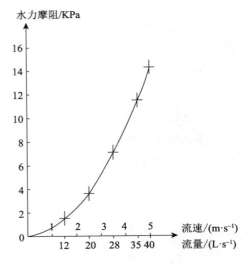

图 7　某丙制造厂 ZSFZ100 湿式阀
水力摩阻曲线

如果实测数据达到产品标准规定
的数量及要求,便可绘制湿式阀水力摩阻曲线。

该厂 DN200 湿式阀水力摩阻的实测数据:

160 L/s(9.6 m³/min)流量下(流速 5.1 m/s)水力摩阻为 0.008 MPa。

如能补齐符合产品标准规定数量的实测数据,便可绘制湿式阀水力摩阻
曲线。

2. 干式报警阀组

1) 产品标准中的术语

干式报警阀(以下简称"干式阀")——自动喷水灭火系统中的一种控制阀,
是在其出口侧充以压缩空气,当气压低于某一定值时能使水自动流入自喷系统
(配水管道)并进行报警的一种单向阀。

差动式干式阀——干式阀的一种类型。此类干式阀中的气密封座直径大于
水密封座直径,两个密封座被一个处于大气压的中间室隔离开。

机械式干式阀——干式阀的一种类型。由机械放大机构使密封件保持伺应
状态。

伺应状态——当干式阀安装在系统中时,在阀门的出口侧充以预定压力的

气体,在阀门的供水侧充以压力稳定的水,而无水通过报警阀的状态。

加速器——用于排放干式阀中的气体,加速干式阀开启时间的一种快开装置。

2) 产品标准关于干式阀性能的规定

(1) 装有加速器的干式阀,从加速器开始排气到打开干式阀的时间,不应超过 30 s;

(2) 在管道内水的流速为 4.5 m/s 条件下的水力摩阻不得大于 0.02 MPa;

(3) 干式阀组采用压力开关和水力警铃时,干式阀开启后,上述报警装置的入口水压不得低于 0.05 MPa。

干式系统中应设置干式报警阀组。系统稳压时,干式阀的入口腔与供水管道连接,充水并保持稳压压力;出口腔与配水管道连接,充入保持一定气压的压缩空气。

伺应状态下的干式阀,入口水压应按配水管道充水时的供水压力确定,相应于干式阀入口水压的出口气压数据,按制造商的产品资料确定(表22)。

表 22　某型号干式阀伺应状态下入口水压与出口气压数据

入口最高水压		MPa	0.345	0.517	0.690	0.862	1.034
		psi	50	75	100	125	150
出口气压	最低	MPa	0.103	0.138	0.172	0.207	0.241
		psi	15	20	25	30	35
	最高	MPa	0.172	0.207	0.241	0.310	0.345
		psi	25	30	35	45	50

3. 雨淋阀组

雨淋报警阀——通过电动、机械或其他方法开启,使水能够自动单方向流入自动喷水灭火系统同时进行报警的一种单向阀。

湿式引导喷头管线——安装有热敏元件的管线,当受到异常热源作用时,释放管线中的压力,使雨淋阀自动启动。

雨淋系统中应设置采用雨淋阀并且在雨淋阀出口安装水流控制阀的雨淋报警阀组。系统运行时,雨淋阀出口水流控制阀应处于全开状态。当检验系统供水时,为防止供水进入配水管道,应关闭雨淋阀出口水流控制阀。

雨淋系统稳压时,应由稳压设施为系统保持稳压压力,使雨淋阀处于伺应状态。系统启动时,应开启封闭雨淋阀控制腔的电磁阀或球阀,雨淋阀控制腔泄压后,雨淋阀开启。

1) 雨淋阀的启动方式

设置在雨淋系统中的雨淋阀,应具有"自动控制""手动远程控制"以及"现场应急操作"三种启动方式。

雨淋阀的自动启动方式包括:电动、液(水)动、气动以及机械等启动方式。

电动启动方式:系统接收火灾自动报警系统或传动管输出的"确认火灾"信号后,电动开启封闭雨淋阀控制腔的电磁阀,使控制腔泄压,雨淋阀开启。

液动启动方式:系统采用湿式传动管(湿式引导喷头管线)封闭雨淋阀控制腔,利用传动管内的充液(水)保持雨淋阀控制腔内的压力。当传动管上的感温器件受热动作后,传动管及控制腔泄压,雨淋阀开启。

气动启动方式:系统配套设置干式传动管。当传动管上的感温器件受热动作后,输出"确认火灾"信号并电动开启雨淋阀,或者利用气动启动器使充水的雨淋阀控制腔泄压,开启雨淋阀。

现场应急操作:由操作人员现场开启可为雨淋阀控制腔泄压的球阀,使雨淋阀开启。

封闭雨淋阀控制腔的电磁阀入口应装 Y 型过滤器,电磁阀应开启灵活,关闭时的严密性良好。

2) 传动管

《自喷系统设计规范》将"引导喷头管线"称作传动管。传动管是一种装有感温器件的管道系统,利用感温器件探测火灾,由管道中的有压充水或压缩空气传输"确认火灾"信号。设置场所内布置的传动管安装感温器件,感温器件采用闭式喷头或易熔合金制作的热敏器件。传动管平时处于封闭状态,管内充有压液体(水)或压缩空气,保持一定的压力。当感温器件受热动作后,传动管内压力下降,外传的压降信号即是"确认火灾"信号,上述性能使传动管具有等同于感温型火灾自动报警系统的作用。

传动管内充入有压液体(水)时构成湿式传动管,充入压缩空气时构成干式传动管。

传动管上安装的压力开关用于输出传动管的压降信号,指令雨淋阀按电动方式开启。湿式传动管既可采用电动方式开启雨淋阀,也可按液动方式将压降信号直接传输至雨淋阀控制腔,使雨淋阀开启;干式传动管既可按电动方式,也可通过气动启动器传输压降信号,使雨淋阀开启。

传动管适用于潮湿、粉尘、易燃易爆以及存在腐蚀性介质等不适合采用常规火灾探测器的环境恶劣场所。干式传动管还适用于环境温度低于 4℃ 或高于 70℃ 的场所。

湿式传动管的位置高于雨淋阀时,连接雨淋阀控制腔的传压管道内的充水将对雨淋阀控制腔形成背压。为了防止湿式传动管的背压对雨淋阀的开启产生不利影响,雨淋阀应设定足够大的启动压力。为此,产品标准规定,采用此种启动方式的雨淋阀,启动压力应不小于传动管与雨淋阀控制腔之间最大高程差的 1.5 倍。也就是说,此种情况下,雨淋阀启动压力的设定值,应考虑 1.5 倍的安全系数。

3) 雨淋阀产品标准规定的参数

(1)雨淋阀的供水压力不得低于 0.14 MPa。

(2)雨淋阀应能在 0.14 MPa 至额定压力范围内的供水压力下动作。

(3)雨淋阀的开启时间(自雨淋阀控制腔开始泄压,直至打开雨淋阀阀板的时间间隔)不得超过 15 s。公称直径大于 200 mm 的雨淋阀,开启时间不得超过 60 s。

(4)雨淋阀开启后,雨淋阀组中的压力开关和水力警铃,入口水压不得低于 0.05 MPa。

(5)在不超过表 23 所列流量的条件下,雨淋阀的水力摩阻不应大于 0.07 MPa。

表 23　雨淋阀最大供水流量

公称直径/mm	最大供水流量	
	L/min	L/s
40	400	6.7
50	600	10.0
65	800	13.3
80	1 300	21.7
100	2 200	36.7

公称直径/mm	最大供水流量	
	L/min	L/s
125	3 500	58.3
150	5 000	83.3
200	8 700	145
250	14 000	233

4. 预作用阀组

预作用装置——由预作用报警阀组、控制盘、气压维持装置和空气供给装置组成,通过电动、气动、机械或其他方式开启,使水能够单向流入喷水系统并同时报警的一种单向阀组装置。

预作用报警阀组——由预作用报警阀(单阀或组合阀)及其管路、辅件组成的报警阀组。

阀门伺应状态—— 安装在管路系统中的预作用报警阀组的阀瓣组件处于关闭状态,阀门供水侧充以压力稳定的水,系统侧按预定压力充满空气,而无水流通过预作用报警阀组的状态。

额定工作压力——预作用报警阀组装置的额定工作压力不应低于1.2 MPa,并应符合 1.2 MPa 和 1.6 MPa 等一系列压力等级。

水力摩阻——在通流流速为 4.5 m/s 时,不应大于 0.08 MPa。

预作用阀组应在 0.14 MPa 到额定工作压力范围内的供水压力下动作。预作用报警阀组的启动装置动作后,应在 15 s 之内打开预作用报警阀的阀瓣。公称直径超过 200 mm 的预作用报警阀可在 60 s 之内打开阀瓣。

预作用报警阀组中的预作用报警阀一般采用雨淋阀,在雨淋阀出口安装的止回阀,用于提高系统的气密性。

2.2.5 系统辅件

自喷系统的辅件包括:报警阀进出口水流控制阀和试验阀、水流指示器入口水流控制阀以及电磁阀、止回阀、电动阀、减压阀、排气阀、泄水阀、过滤器、压力表等,应与报警阀、水流指示器、快速排气阀、消防供水泵等系统组件配套设置。

各类报警阀组中配置的水流控制阀和试验阀采用通用阀门。其中,水流控制阀应选用信号阀,或者采用具有显示阀板"全开"或"全闭"状态标志的阀门,或者装配能够将控制阀的阀板锁定在"全开"或"全关"位置的锁具。

快速排气阀是用于保证干式系统、预作用系统尽快排尽配水管道内压缩空气的系统组件。结构与给排水专业、湿式系统采用的常规自动排气阀类似,但排气孔的孔径大。干式系统、预作用系统中配置的快速排气阀,排气速度应与充水流量相匹配。快速排气阀入口处应安装电动阀,电动阀开启后快速排气阀排气,配水管道充满水后快速排气阀自动关闭。

在湿度较大的沿海地区和大气中存在腐蚀性介质的环境中,凡配置充气装置的自喷系统,应同时配置干燥或净化空气的装置,以缓解管道的腐蚀。

2.2.6 管道

自喷系统的管道包括供水管道和配水管道。

报警阀入口前的管道为供水管道,出口后的管道统称为配水管道。配水管道包括配水干管、配水管、配水支管及短立管。其中:

(1)与报警阀出口连接、向配水管供水的管道,称为配水干管;

(2)处于配水干管下游,与配水支管连接并为配水支管供水的管道,称为配水管;

(3)处于配水管下游,直接或通过短立管向喷头供水的管道,称为配水支管;

(4)处于配水支管下游,与喷头连接的直立短管,称为短立管。

为便于检修时排尽管道内积水,自喷系统的管道应有坡度,并应设有泄水阀和排渣口。

2.2.7 末端试水装置

产品标准规定:末端试水装置由试水阀、压力表、试水喷嘴及保护罩等组成,用于监测自动喷水灭火系统末端压力,并可检测系统启动、报警及联动等功能的装置(图8)。产品标准对末端试水装置的功能定位是可用于监测自动喷水灭火系统末端压力以及检测系统启动、报警及联动等性能的装置。

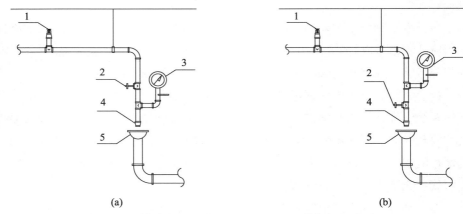

(a)   (b)

1—最不利点喷头；2—球阀；3—压力表；4—试水接头；5—漏斗。

图8 末端试水装置

末端试水装置中的试水接头用于模拟受检系统采用的喷头，所以试水接头的流量系数应与受检自喷系统所用喷头的流量系数一致，因此可使用开式洒水喷头去除溅水盘与支撑臂后剩余的接口与喷口部分。

末端试水装置的压力表用于测量试水接头的入口压力。为了保证试水接头入口压力实测值的准确性，压力表应安装在试水接头的入口前、球阀的下游处。若将压力表安装在球阀的上游，压力表的读数将不再是试水接头的入口压力，而是球阀入口压力，而试水接头入口压力则等于压力表读数与球阀局部水头损失之差，以致不能依据压力表读数准确判断试水接头的出流量。

为了模拟喷头的出水状态，保证试验结果的真实性，应使试水接头不被自身的出水所淹没。因此，试水接头的出水应采取孔口出流的明排方式，经漏斗通畅地排入排水管道或收集出水的容器中。

为此，自喷系统中安装的末端试水装置，应符合下列要求：

（1）试水接头的流量系数应与其所在自喷系统所用喷头的流量系数一致；

（2）压力表应安装在试水接头的上游、球阀的下游；

（3）压力表的量程、精度应满足测试要求，并应定期校验；

（4）末端试水装置的出水，应采取孔口出流的方式排入排水装置。

末端试水装置在检验自喷系统的启动性能和过水能力的试验中，可用于模拟最不利点的喷头。

湿式系统处于稳压状态时，全开末端试水装置后其压力表显示的出水压力，可模拟由稳压设施供水时最不利点喷头开启后的工作压力。

消防供水泵运行时,全开末端试水装置后其压力表显示的压力,可模拟由消防供水泵供水时最不利点喷头开启后的工作压力。

检验湿式系统的启动性能时,可利用末端试水装置模拟最不利处开启设定数量闭式喷头后的系统流量,以检验湿式阀的开阀条件以及湿式阀组输出报警信号的时间是否符合工程设计要求。

将压力表安装在球阀下游的末端试水装置,系统稳压时,其压力表可显示最不利点喷头处的静水压力,但全开末端试水装置时,其压力表的示值等于试水接头出水压力和球阀局部水头损失之和,因此不能用于直接判断试水接头的工作压力。解决办法是通过标定实验预先测定试水接头流量与压力表示值间的对应关系,或者在检验湿式系统启动性能的试验中采用流量计测量试水接头的出流量。

在检验稳压设施或者消防供水泵供水时系统过水能力的试验中,利用末端试水装置检验并标定最不利点喷头的出水状况。

每个报警阀控制区域内的最不利楼层或防火分区均应安装末端试水装置,其他楼层或防火分区平时可只安装球阀,试验时再安装试水接头、压力表及排水漏斗等器件。

试验时末端试水装置压力表读数显示为零的原因有:①压力表损坏;②压力表的量程过大或精度过低;③压力表与最不利点喷头之间的连接管过长或管径过小;④供水压力不足。

当末端试水装置的压力表采用远传压力表时,可远传和记录测试结果。

2.3 湿式系统的操作

湿式系统的操作包括系统的稳压、启动以及稳压设施和消防供水泵供水时的喷水状态等环节,应确保启动、喷水的可靠性、有效性,并应达到预期功能。

2.3.1 稳压状态

稳压状态也被称为"准工作状态"或"戒备状态"。平时,湿式系统应保持稳压状态。

稳压时,系统应保持全封闭状态,应充满水并排尽空气,由稳压设施保持稳压压力。稳压压力应与稳压设施的功能相匹配,湿式阀入口压力应与设定的报警流量相匹配,消防供水泵的启动方式应按"自动控制"设置。

初期供水稳压设施为系统提供的稳压压力,应按向最不利区域输送设定的初期流量所需要的供水压力确定。

应急供水稳压设施提供的稳压压力,应按向最不利区域输送设定的应急流量所需要的供水压力确定。

湿式阀入口压力不得大于湿式阀的额定工作压力。

2.3.2 启动并喷水

系统的启动包括自闭式喷头开启并喷水、湿式阀开启及配套压力开关输出信号,直至消防供水泵自动启动并达到运行状态的全过程。

设置场所发生火灾后,首先驱动起火点上方的闭式喷头,闭式喷头开启后应立即按不低于应用压力的工作压力向其保护区域持续喷水。

建筑物内的物品被点燃后,产生的烟气依靠热浮力上升至顶板(或称"天花板",包括吊顶、楼板或屋面板等)后沿水平方向流散。顶板下水平流散烟气流的温度,自起火点上方沿烟气流散范围径向递减,并首先加热邻近起火点的闭式喷头。在大面积场所内顶板下自由流散的烟气流,烟气层的厚度较薄,与闭式喷头热敏元件之间形成对流传热过程;面积较小场所与顶板下存在具有挡烟作用的分隔物的场所,自由流散的烟气流会很快遭遇阻挡,使烟气积聚并使烟气层厚度逐渐增大,流速减慢,并逐渐淹没闭式喷头,对热敏元件形成对流与传导双重加热作用。

在顶板下烟气逐渐加热闭式喷头的过程中,响应时间指数小的喷头,热敏元件升温速度快,反之则升温速度慢。当热敏元件的温度由室温上升至闭式喷头的公称动作温度时,热敏元件动作,释放机构脱落,闭式喷头在系统稳压压力的作用下开启。

玻璃泡喷头受热时,玻璃泡内的工作液膨胀,当玻璃泡的温度达到公称动作温度时,玻璃泡在工作液的热膨胀作用下被撑碎,使喷头开启;易熔合金喷头在热敏元件的温度达到公称动作温度时,易熔合金熔化,释放机构脱落,使闭式喷头开启。

设置场所中的起火点,与喷头的相对位置往往存在三种情况:位于某只喷头的下方、位于某2只喷头的下方或者是位于某4只喷头的下方。起火点上方首先开启的闭式喷头,一般为1只、2只或3只。即使起火点位于4只喷头下方的正中央位置,由于火灾烟气流对4只喷头的加热不可能完全均匀,并且闭式喷头的实际动作温度相互间存在差异,所以一般情况下首先开启3只闭式喷头,并且有可能随即开启第4只邻近起火点的闭式喷头。

由于火灾烟气流上升时对周围空气具有卷吸作用,使顶板下烟气的温度与速度随室内净空高度的增大而降低,其结果将推迟闭式喷头的动作时间。

火灾开启首批闭式喷头的时间,与下列因素有关:

(1)设置场所内存放物品被点燃后的燃烧性能,与存放物品的类别、材料、构造、数量、存放或布置的方式、物品的外包装等因素有关;

(2)设置场所的条件,包括分隔间的面积、室内净空高度、通风条件以及梁等具有挡烟作用的分隔物所形成的烟池的储烟能力等;

(3)闭式喷头的选型、公称动作温度、响应时间指数等;

(4)闭式喷头的安装间距、喷头溅水盘至顶板的距离以及干扰喷头与烟气接触的因素等。

闭式喷头在露天环境中的受热条件差,因此露天场所一般不适宜采用闭式系统。仅有顶棚而四周敞开的构筑物,采用闭式系统时应在顶棚四周设置能够挡烟蓄热的垂壁等设施。

湿式系统开启首批闭式喷头时的火灾状况是影响灭火难易程度的重要因素,通常用相应时刻的燃烧面积、火焰高度及火灾放热速率表述。

湿式系统遭遇火灾时开启首批闭式喷头的时间,既是湿式系统开始启动的时间,也是湿式系统开始喷水、实施灭火的时间。闭式喷头开启后的喷水状态,应符合立即按不低于设定的工作压力持续喷水的要求。

不论何种原因推迟了闭式喷头的开启时间,都将为火灾继续发展、蔓延提供条件,使闭式喷头开启时刻面临的火势增大,并使灭火的难度增大。例如,闭式喷头热敏元件的表面附着有污垢或闭式喷头的安装位置不当,将使热敏元件的受热条件恶化,导致热敏元件升温迟缓、闭式喷头迟滞动作以致延迟喷水等不利后果。

闭式喷头动作时释放机构解体,若有碎片散落在喷头本体框架、压紧螺钉及溅水盘上,被称为“沉积”现象。发生沉积现象时将破坏喷头的洒水分布。闭式喷头动作时如果发生"沉积"现象,将破坏喷头的洒水分布。喷头框架或溅水盘变形,也将破坏喷头的洒水分布。

当首批启用 3 只闭式喷头后喷水控制火势的效果不是十分明显或喷水未能完全覆盖起火部位时,包围起火点的另一只闭式喷头将随即动作,形成 4 只喷头对起火部位包围喷水的态势。

湿式系统开启首批闭式喷头后的喷水强度、喷水面积与喷水的动量,组合形成湿式系统启动初期的灭火能力,在消防供水泵投入运行之前,由初期供水设施保障开启喷头的灭火用水。

闭式喷头开启后的喷水在下落过程中将与火灾烟气相遇,其中一部分水量将被火灾烟气流的浮力吹离下落轨迹或者被加热汽化。被吹离下落轨迹和被加热汽化所损失的水量,与火灾的放热速率、设置场所的净空高度等因素有关。

首批启用喷头的灭火效果,存在以下可能性:火灾在首批启用喷头喷水的直接冷却作用下被有效控制并最终扑灭。首批启用喷头喷水虽然未能直接灭火,但能通过降低火灾放热速率、淋湿起火区域周围尚未被引燃的物品,延缓或阻止火灾的放热速率进一步增长、燃烧面积进一步扩大。当起火区域周围的物品被淋湿以致燃烧面积无法继续扩大时,火灾将在起火物品燃尽后自行熄灭。这种间接灭火方式是湿式系统实现灭火目的的一大特点。

如果首批开启的闭式喷头能够有效灭火或有效遏制火灾不再蔓延,便可在开启少量闭式喷头的情况下实现灭火。当首批启用喷头的喷水不能有效遏制火势时,首批启用喷头外围的闭式喷头将继续被火灾驱动,扩大系统的喷水面积。如果消防给水系统不能确保开启的闭式喷头立即按设定压力持续喷水,等于推迟系统开始喷水灭火的时间或者减少系统应该投入的灭火水量,将削弱系统扑救初期火灾的灭火能力。

设置场所内可燃物品的分布不可能完全均匀,局部区域的火灾危险性可能高于工程设计确定的火灾危险等级,如果恰在此类区域起火,设计确定的喷水强度有可能不足以遏制火灾,致使火灾继续驱动已开启喷头外围的闭式喷头,直至开启喷头的喷水能够有效控制火灾的范围不再扩大。

如果火灾的水平蔓延速度较快,可能导致首批启用喷头的喷水不能完全覆盖起火范围,喷水覆盖范围以外的火灾区域将继续驱动外围的闭式喷头,直至启用喷头的喷水能够有效控制火灾范围不再扩大。

如果现场存在干扰喷头正常喷水的因素,例如:喷头的框架或溅水盘存在变形现象,将破坏喷头应有的布水状态;喷头附近的梁、柱、悬挂物等障碍物将阻挡喷水的均匀喷洒;地面上摆放的桌子、橱柜、储物架等障碍物,将阻挡喷水送达到位。出现以上现象时将使实际参与灭火的水量低于预期,不仅会削弱喷水的灭火效果,而且会使未能得到有效遏制的火灾继续蔓延,以致继续驱动外围的闭式喷头。

湿式系统投入的灭火能力,通过同时启用闭式喷头的数量以及相应的喷水量、喷水面积体现,其最大值为一次灭火过程中的最大灭火能力,并由稳压设施和消防供水泵相继保障同时启用喷头的工作压力和用水量。因此,消防给水系统应确保初期供水能力和设计供水能力,必要时应确保应急供水能力。

如果在系统投入最大灭火能力后仍然不能控制火灾,系统开启的闭式喷头将超过预先设定的数量,配套的消防给水系统将不能继续满足同时启用喷头在应用压力条件下持续喷水的要求,系统将不能在预先设定的条件下实现预期功能。

设置场所内的隔墙等分隔或围护结构、不到顶的分隔物以及通道、物品间隔分布形成的空间等,都能发挥一定的阻断或延缓火势水平蔓延的作用,是有利于自喷系统灭火的因素。

设置场所发生火灾并驱动闭式喷头开启后,湿式系统进入启动阶段:

(1)由高位消防水箱或气压给水设备、市政供水等稳压设施向开启的闭式喷头供水,并应确保开启的闭式喷头在符合应用压力的条件下持续喷水;

(2)开启喷头所属楼层或区域的水流指示器动作并输出信号;

(3)当系统流量(即已开启闭式喷头的总流量)达到与辖区湿式阀入口压力相匹配的开阀流量时,辖区湿式阀开启;

(4)在湿式阀报警延迟时间内,湿式阀组内的压力开关应动作并输出报警信号,水力警铃应发出声响警报;

(5)消防供水泵应在接收启动指令后按"自动控制"方式启动,投入运行后,接替稳压设施向已开启的闭式喷头持续供水。

若在自动启动消防供水泵的过程中,水泵突发机械或动力故障,应自动切换启动备用泵或备用动力,保证消防供水泵在设定时间内投入运行。湿式系统为全自动操作系统。闭式喷头不动作,无法由现场人员采取人为干预的方式启动。

符合产品标准规定的开阀参数的湿式阀,在 $K = 80$ 喷头的湿式系统启动过程中,将有以下表现:

(1) 当稳压状态下的湿式阀入口压力为 0.14 MPa,稳压设施提供的供水压力可使开启最不利点喷头后的系统流量不小于 60 L/min 时,应在开启最不利点 1 只喷头的条件下开启湿式阀;如果开启最不利点喷头后的系统流量小于 60 L/min,在开启最不利点 1 只喷头的条件下将不能开启湿式阀。如果湿式阀入口压力大于 0.14 MPa,即使开启最不利点喷头后的系统流量为 60 L/min,也不能在开启最不利点 1 只喷头的条件下开启湿式阀。

(2) 当稳压状态下的湿式阀入口压力为 0.70 MPa,稳压设施提供的供水压力可使开启最不利点喷头后的系统流量达到 80 L/min 时,应在开启最不利点 1 只喷头的条件下开启湿式阀;如果开启最不利点喷头后的系统流量小于 80 L/min,将不能在开启最不利点 1 只喷头的条件下开启湿式阀。如果湿式阀入口压力大于 0.70 MPa,即便开启最不利点喷头后的系统流量为 80 L/min,也不能在开启最不利点 1 只闭式喷头的条件下开启湿式阀。

(3) 当稳压状态下的湿式阀入口压力在 0.70 MPa 至额定工作压力 (1.2 MPa 或 1.6 MPa) 区间内时,系统将在开启 2 只或 3 只闭式喷头并且喷头工作压力符合设定值的条件下开启湿式阀。

综上所述,$K = 80$ 喷头的湿式系统确保湿式阀开启的条件:

(1) 当最不利点喷头的工作压力按流量 60 L/min 设定时:①稳压状态下湿式阀入口压力为 0.14 MPa 的系统,应在启用 1 只喷头的条件下开启湿式阀;②稳压状态下湿式阀入口压力为 0.14 MPa $< P \leqslant$ 0.70 MPa 的系统,应在最多启用 2 只喷头的条件下开启湿式阀;③稳压状态下湿式阀的入口压力为 0.70 MPa $< P \leqslant$ 额定工作压力的系统,应在最多启用 3 只喷头的条件下开启湿式阀。

(2) 当最不利点喷头的工作压力按流量 80 L/min 设定时:①稳压状态下湿式阀的入口压力为 0.70 MPa 的系统,应在启用 1 只喷头的条件下开启湿式阀;②稳压状态下湿式阀的入口压力为 0.70 MPa $< P \leqslant$ 额定工作压力的系统,应在最多启用 2 只喷头的条件下开启湿式阀。

与湿式系统配套的高位消防水箱等稳压设施应具备初期供水能力,应在自动启用消防供水泵需要的时间内,使开启的闭式喷头的工作压力保持不低于应用压力的状态,使湿式阀按照设定条件开启,并使湿式阀组内压力开关按时输出启动消防供水泵信号。不具备初期供水能力的增压设备和稳压设备,不能确保湿式系统达到上述要求。

例如,某 $K = 80$ 喷头的中 I 级湿式系统,配套采用由 1 L/s 稳压泵和 50 L 稳压罐组合的单用稳高压系统,湿式阀开阀流量按产品标准规定的 60 L/min 流量设定,并按流量为 60 L/min 确定最不利点喷头开启后的工作压力,湿式阀入口压力按 0.14 MPa 确定。

当系统首批仅开启 1 只闭式喷头时,湿式系统单用稳压设备(1 L/s 稳压泵和 50 L 稳压罐)既可满足已开启喷头的需要,又可满足开启湿式阀并输出启动供水泵信号的需要,但如果随即开启第 2 只喷头或首批便开启 2 只或 3 只闭式喷头,将因稳压设备不具备初期供水能力而不能满足 2 只或 3 只喷头同时启用的消防用水需要,也就不能满足湿式系统在闭式喷头开启后立即按设定强度持续喷水的要求。

当该系统采用由稳压设备压力联动装置输出启动供水泵信号的设计方法时,首批仅开启 1 只闭式喷头时,湿式系统单用稳压设备可以满足已开启喷头的需要,但是不能使压力联动装置输出启动供水泵信号。继续启用喷头或首批便开启 2 只或 3 只闭式喷头后,可驱动压力联动装置输出启动供水泵信号,但是不能满足 2 只或 3 只喷头同时启用的消防用水需要,同样不能确保湿式系统在闭式喷头开启后立即按设定强度持续喷水的要求。

如果上述湿式系统采用合用稳高压系统(稳压设备由 3 L/s 稳压泵和 80 L 稳压罐组合而成),并且采用由湿式阀组中压力开关输出启动供水泵信号的设计方法,湿式阀可以在系统流量为 1～3 L/s 的设定条件下开启,但不能确保自动启用消防供水泵在需要时间内的初期供水。

若此类系统采用限定由稳压设备中压力联动装置输出启动消防供水泵信号的设计方法,输出启动消防供水泵信号的条件是系统流量超过 3 L/s (180 L/min),因此不能确保湿式阀开启后的初期供水。

不论采取哪种设计方法,合用稳高压系统只能满足 $K = 80$ 喷头的湿式系统开启湿式阀的工程条件,但不能满足初期供水的工程条件。

由湿式阀组内压力开关输出报警信号的 $K = 80$ 喷头的湿式系统,配套采用稳压设备为 1 L/s 稳压泵和 450 L 气压水罐的消防给水系统,按 5 L/s 初期流量确定的持续供水时间不超过 100 s,仍然不能满足初期供水的工程条件。

2.3.3　系统功能

湿式系统的功能应是指其所能实现的最低限度的预期效果。湿式系统的持续喷水,具有冷却燃烧、淋湿尚未点燃的物品、降低火场空间温度、洗涤火场空间、降低烟气毒性、维持视野等扑救火灾、降低烟气危害、改善疏散条件等作用。

湿式系统的功能包括防止轰燃、灭火、防火等。

温度达到 500～600℃的火灾烟气层沉降到地面附近时,可将地面附近可燃物的全表面在瞬间同时点燃的现象,称为轰燃。室内起火 6～7 min 后便有可能发生轰燃。此外,当封闭空间的门窗玻璃被火灾烟气加热破碎后,新鲜空气将对流进入室内,火灾的燃烧速度将迅速增长。闭式喷头动作后的喷水,可有效防止轰燃的发生,防止玻璃破碎。

狭义的"灭火"(Fire Extinguishment)功能,其概念应是"抑制燃烧至起火物终止燃烧"。

广义的"灭火"功能还包括抑火(Fire Suppression)和控火(Fire Control)。

狭义的"防火"功能包括防火分隔、防护冷却和降低火场温度等。

采用 ESFR 喷头的湿式系统,其功能被相关标准定位为"抑火",其概念为:以直接和充足的供水,使喷水通过火灾烟羽到达燃烧物品表面,迅速减弱火灾放热速率并防止其反弹。因此,ESFR 湿式系统在火场中应能实现的最低限度的预期效果是在开放少数喷头的情况下,将火势抑制到可被接受的仅有"残余小火和阴燃火"的状态。

通过比较"送达的灭火水量"(Actual Delivered Density,ADD)与"需要的灭火水量"(Required Delivered Density,RDD),可判定 ESFR 湿式系统能否实现"抑火"功能。

ADD 是指系统的喷水在消耗掉被吹离下落轨迹和被加热汽化的损失水量后,实际送达燃烧物表面直接参与冷却燃烧的水量。ADD 与喷水时的火灾放热速率及喷水点的高度等因素有关。

RDD 则为直接施加到燃烧物表面并能通过冷却作用终止燃烧所需要的水量。RDD 与喷水时的火灾放热速率有关。

当 ESFR 湿式系统的喷水能够实现 ADD≥RDD 时,可判定为具有"抑火"

功能。ESFR 湿式系统的应用场所主要为仓库。仓库内的堆垛和货架,在火场环境中会成为遮挡喷水的障碍物,使存在遮挡喷水现象的部位不能保证 ADD≥RDD,只能依靠流淌到位的水量抑制燃烧,与狭义的"灭火"功能有所不同。

常规湿式系统的功能被定位为"控火"。"控火"功能的概念是:依靠喷水降低火灾放热速率、淋湿邻近火灾的可燃物、控制顶板下空间的温度,以达到限制火灾规模、保护建筑结构免受火灾损伤的目的。"控火"功能不应单纯地理解为仅仅是"控制火势",应该理解为具有"控制火势"和"淋湿邻近火灾的可燃物"双重作用,并在上述双重作用下,限制火灾的规模与范围。具有"抑火"和"控火"功能的湿式系统,只要具备保证足够喷水强度、足够喷水面积和足够持续喷水时间的能力,最终均能实现将火灾限制在一定范围内的目的。

湿式系统实现预期功能和灭火效能的关键是保障系统启动的可靠性和系统喷水的有效性。系统启动的可靠性是指系统的启动应及时,并且启动过程应连续、完整。系统喷水的有效性是指系统自开始启动即应按预定的强度喷水,并应在设定的时间与范围内始终保持预定的喷水强度。

由《自喷系统设计规范》命名的"局部应用系统"是指"在既有建筑中针对局部场所追加设置的湿式系统"。此类系统遵循"在消防队投入增援灭火之前,应按保证足够喷水强度、保证足够喷水面积条件下持续喷水"的原则设计,其特点如下:

(1)消防给水系统应具备初期供水和消防供水泵衔接供水的能力,后期供水交付增援的消防队负责,相当于"半程湿式系统";

(2)用消防队接力供水的方式,保障系统的灭火能力与预期功能;

(3)受既有建筑现实条件的限制,允许此类系统的构成可较标准配置的湿式系统有所简化。

采用家用型喷头的住宅系统,其功能与前面所述的系统有所不同,住宅系统应在火场中实现的最低限度的预期目标是通过控制火场温度,使身处火灾现场的人员"增大成功逃生的机会",因此是典型的控制火场温度的湿式系统。

保证住宅系统实现预期功能的条件:

(1)配套的供水系统应满足 2 只家用型喷头的用水需求;

(2)开启 2 只家用型喷头时,最不利点家用型喷头的工作压力不得低于

0.05 MPa,开启 2 只家用型喷头后的总喷水量不得低于单只家用型喷头在 0.05 MPa工作压力下流量的 $140\% \sim 200\%$；

（3）在开启的家用型喷头喷水期间，距地面 1.6 m 高度处的最高温度不得超过 93℃，其中温度不超过 54℃ 的时间应至少连续 2 min；

（4）顶板下表面背后 6 mm 处的温度不得超过 260℃。

距离地面 1.6 m 的高度通常是人体头部所在位置，而头部是人体最脆弱的部位，忍耐火灾伤害的条件最差。以 1 只家用型喷头最小流量 $140\% \sim 200\%$ 的水量，控制火场中人体头部位置所处高度的空间温度最高不得超过 93℃，而且不超过 54℃ 的时间至少要维持 2 min，这是住宅系统改善疏散条件、争取疏散时间、实现"增大逃生机会"功能的关键指标。

综上所述，包括自喷系统在内的任何一种自动灭火系统，均应具有明确的系统功能，并且系统功能必须具备可靠的技术支撑。

2.3.4 系统效能

湿式系统被公认为目前国际上最为有效的建筑火灾自救灭火设施。湿式系统遭遇火灾时存在以下可能性：

（1）系统启动前即采取其他手段将火扑灭；

（2）及时启动并实现预期功能；

（3）系统未能及时启动导致火灾失控；

（4）虽能启动但未能实现预期功能。

发生火灾而未能及时启动的原因，包括：

（1）因为设备、组件、管道损坏或年久失修而导致系统失效；

（2）因为维护管理的失误使系统发生供水阀门关闭或消防供水泵延迟启动等故障；

（3）因为设计或施工、维护的失误，使系统存在隐患而未能投入正常运行等。

系统启动后未能实现预期功能的原因：

（1）因为设置场所的功能或内部容纳物品发生变化，使火灾危险性超出了系统的控制能力；

（2）系统供水源的储水量严重缺失；

（3）因为设计或施工、维护的失误，导致系统虽能启动但供水能力未能达到预期要求。

当在启动或喷水的操作中存在故障或脱节现象时，将使自喷系统错过最佳灭火时机或投入的灭火能力不足，预期的"抑火"或"控火"功能将有可能演变成系统仅能发挥"降低火场温度"的作用，也可能造成系统"形同虚设"的严重后果。为了使有限的灭火能力充分发挥自救灭火作用，应充分保证湿式系统启动、供水的可靠性和喷水的有效性，以保证系统实现预期功能。

1965 年美国的统计资料表明：在当时的技术状况下，包括不同火灾危险等级的各类工业与民用建筑在内，25 年期间共 8 万多次自喷系统自救灭火的案例中，系统的灭火成功率达到 96% 以上。在不足 4% 的失败案例中，因为设备年久失修或错误关闭控制阀门等人为因素导致系统失效的案例，占比一半以上。

美国费城第一子午广场大厦火灾，是一起典型的火灾案例，充分说明了自喷系统的自救灭火能力。该大厦共 38 层，在 30 层及以上楼层安装了湿式系统。大厦 22 层在当地时间晚 8 时许起火，消防队于 8 点 30 分左右开始救援灭火，但未能及时有效地遏制火势，并付出牺牲 2 名消防员的沉重代价。当火势蔓延至 27 层时，消防队员被迫撤离。此后，大火继续自由蔓延，当大火蔓延至 30 层时，驱动了该楼层 10 只闭式喷头，开启的 10 只喷头喷水阻止了火势的继续蔓延，并最终在消防队的协作下扑灭了大火。

在 2002 年至 2004 年美国建筑火灾案例中，排除人为失误因素后，火灾中湿式系统与干式系统的闭式喷头开启数量占比见表 24，开启闭式喷头数量及其成功控火、灭火的比例见表 25。

表 24　2002—2004 年美国建筑火灾案例中启用喷头数量及占比

开启闭式喷头数量/只	湿式系统/%	干式系统/%
1	71	50
≤2	85	67
≤3	90	75
≤4	93	82
≤5	95	86

开启闭式喷头数量/只	湿式系统/%	干式系统/%
≤6	96	89
≤7	97	89
≤8	97	89
≤9	97	92
≤10	98	93

表 25　2002—2004 年美国建筑火灾案例中启用喷头数量及效果

闭式喷头的开启数量/只	成功控火、灭火比例/%
1	97
2	94
3	94
4	93
5	93
6~10	83
>10	78
合计	95

根据澳大利亚和新西兰的经验,排除人为失误因素后,发生火灾时自喷系统未能按程序启动的比例已自 7% 下降至 0.2% 以下。

当缺少自喷系统参与灭火时,惨痛的教训不乏其例:

1977 年 10 月 20 日,德国科隆市的福特配件仓库发生火灾,74 000 m² 仓库完全烧毁。

1988 年 5 月 4 日,美国第一洲际银行火灾,因幕墙的烟囱效应,仅 30 min,12 层 1 600 m² 楼面一片火海。

1996 年 3 月 21 日,美国新奥尔良市发生的某大型仓储设施火灾,由于同一天内意外地发生了第二次火灾,使自喷系统未能在发生第二次火灾时有效供水,致使火灾蔓延并失去控制,6 天后才将火灾扑灭,87 000 m² 的仓库付之一炬。

2.4 其他自喷系统的操作

2.4.1 干式系统

1. 稳压状态

（1）系统保持全封闭状态，干式阀保持伺应状态；

（2）稳压设施为供水管道保持稳压压力，稳压压力按干式阀开启后的供水压力确定；

（3）配水管道内保持设定气压，保持的气压根据干式阀入口保持的水压确定；

（4）由空气压缩机等补气装置为配水管道补充漏失的压缩空气；

（5）供水泵设置为"自动控制"启动方式。

2. 启动过程

（1）设置场所发生火灾时驱动闭式喷头；

（2）闭式喷头开启后配水管道排气，水流报警装置输出信号；

（3）加速器动作、干式阀开启、干式阀组内压力开关输出"确有闭式喷头动作"的报警信号、水力警铃发出声响警报；

（4）干式阀开启后稳压设施为配水管道充水、开启电动阀、启动供水泵；

（5）电动阀开启后，快速排气阀排气；

（6）供水泵投入运行后接替稳压设施向配水管道继续供水；

（7）配水管道完成充水操作后，快速排气阀自动关闭，开启的闭式喷头按设定压力对给定区域持续喷水。

由于干式系统的启动过程中增加了为配水管道排气、充水及升压的程序，因此，只有在配水管道充满水并升压后，开启的闭式喷头才能按设计设定的压力喷水，所以，干式系统实施喷水灭火操作的起始时间滞后于湿式系统，火灾可以在滞后喷水时间内继续自由蔓延，并且可能继续驱动闭式喷头。

干式系统的滞后喷水现象，使系统开始喷水时已开启喷头的数量、面临的火灾规模以及灭火的难度，均比湿式系统有所增大，以致干式系统的灭火效能低于湿式系统。

干式系统的滞后喷水时间等于自闭式喷头开启至配水管道完成排气充水及升压过程所占用的时间。

2.4.2　单连锁预作用系统

1. 稳压状态

（1）系统保持全封闭状态，雨淋阀处于伺应状态；

（2）稳压设施为供水管道保持稳压压力，稳压压力按雨淋阀开启后的供水压力确定；

（3）配水管道内不充水，必要时可以充入用于检测系统严密性的压缩空气；

（4）雨淋阀、消防供水泵采用"自动控制"启动方式。

2. 启动过程

（1）由火灾自动报警系统优先输出"确认火灾"信号；

（2）按"自动控制"方式开启雨淋阀，启动为配水管道充水的"预作用"操作；

（3）按设定时间完成启动供水泵及为配水管道充水的操作，在闭式喷头被火灾驱动前转换成等同于湿式系统的状态；

（4）闭式喷头受火灾驱动开启后，立即进入按设定强度对给定区域持续喷水的状态。

如果设置场所在火灾自动报警系统存在"不报警"故障或因故关闭时突发火灾，单连锁系统将无法按"自动控制"方式启动系统并执行为配水管道充水的"预作用"操作，只能由操作人员采取"手动远程控制"或"应急操作"方式启动系统并为配水管道充水的操作，致使系统产生滞后喷水现象。

当火灾自动报警系统误报警时，将导致系统误启动：执行开启雨淋阀、启动供水泵以及为配水管道充水的操作。

2.4.3　双连锁预作用系统

采用气动启动器时，气动启动器与电磁阀串联安装。

1. 稳压状态

（1）系统保持全封闭状态，雨淋阀处于伺应状态；

（2）稳压设施为供水管道保持稳压压力，稳压压力按开启雨淋阀后的供水压力确定；

（3）配水管道内保持设定气压，由空气压缩机等补气装置为配水管道补充漏失的压缩空气；

（4）雨淋阀、消防供水泵采用"自动控制"启动方式。

2. 启动过程

系统具有两套启动机构。具有两套电动启动机构的系统采用电动启动方式，具有一套电动启动机构、一套气动启动机构的系统采用电动与气动相结合的启动方式。

（1）电动启动方式：由火灾自动报警系统优先输出"确认火灾"信号，系统中确有闭式喷头开启后，驱动监测配水管道内气压的压力开关输出"压降"信号，启动供水泵并电动开启封闭雨淋阀控制腔的电磁阀，使雨淋阀开启，配水管道进入充水操作。

（2）电动与气动相结合的启动方式：火灾自动报警系统优先输出"确认火灾"信号后，启动供水泵并电动开启连接雨淋阀控制腔的电磁阀。系统中确有闭式喷头开启后，配水管道内气压下降，驱动气动启动器开启，致使雨淋阀控制腔泄压，雨淋阀开启，配水管道进入充水操作。

配水管道充水升压后，开启的闭式喷头按设定强度对给定区域持续喷水。

虽然双连锁系统具有由火灾自动报警系统优先确认火灾的功能，但是只能在闭式喷头开启后才能自动启动为配水管道充水的操作，所以存在滞后喷水现象。此时系统按设定强度持续喷水的起始时间以及工作效能等指标，应视为等同于干式系统。

当火灾自动报警系统因误操作而输出"确认火灾"信号或系统中发生闭式喷头误爆事故时，不能自动启动为配水管道充水的操作。

当火灾自动报警系统因故失效或停用而不能及时输出"确认火灾"信号时，即使系统中确有闭式喷头开启，也不能启动为配水管道充水的操作。

当在冷库等低温场所中采用双连锁预作用系统时，可防止因火灾自动报警系统误报警而导致的不当充水，因此可避免配水管道冻结的事故。

2.4.4　无连锁预作用系统

采用气动启动器时，气动启动器与电磁阀并联安装。

系统处于稳压状态时的操作项目，与双连锁系统相同。

系统具有两套启动机构。具有两套电动启动机构的系统采用电动启动方式,具有一套电动启动机构、一套气动启动机构的系统采用电动或气动启动方式。

(1)电动启动方式:火灾自动报警系统输出"确认火灾"信号或监测配水管道内气压的压力开关输出系统中"确有闭式喷头开启"的信号后,启动供水泵并电动开启封闭雨淋阀控制腔的电磁阀,使雨淋阀控制腔泄压,雨淋阀开启,配水管道进入充水操作。

(2)电动或气动启动方式:可在火灾自动报警系统输出"确认火灾"信号后电动开启连接雨淋阀控制腔的电磁阀,使雨淋阀开启,配水管道进入充水操作;也可在系统中确有闭式喷头开启、配水管道内气压下降、气动启动器动作后启动供水泵并使雨淋阀控制腔泄压,并在雨淋阀开启后使配水管道进入充水操作。

因此,当火灾自动报警系统正常时,系统可以在火灾自动报警系统输出"确认火灾"信号后电动启动为配水管道充水的"预作用"操作,并且可在闭式喷头动作前转换为与湿式系统相同的状态,使系统的启动过程以及按设定强度持续喷水的起始时间、工作效能,与单连锁系统相同。

若火灾自动报警系统因故失效或停用,无连锁系统仍能在确有闭式喷头动作后按气动方式启动为配水管道充水的操作。无连锁系统的这一特点,可提高系统启动的可靠性,但使系统的启动过程以及按设定强度持续喷水的起始时间、工作效能等指标等同于干式系统。

2.4.5 重复启闭预作用系统

系统的稳压状态和启动过程与单连锁系统类似,但有其独特之处:

(1)配套的火灾自动报警系统采用特殊类型的感温探测器,不仅可以在感温元件达到设定温度时输出"确认火灾"信号,而且可以在感温元件恢复常温时,输出"解除火警"信号;

(2)设置场所发生火灾时,在配套火灾自动报警系统输出"确认火灾"信号后,系统按"自动控制"方式启动,逐步进入充水、闭式喷头动作、喷水等既定的操作程序;

(3)当喷水操作达到预期效果,使火场环境及火灾探测器热敏元件的温度回落、恢复至常温时,火灾自动报警系统可输出"解除火警"信号,使系统进入"延

时停水"程序;

（4）当"延时停水"达到设定时间后,用于控制供水"通""断"的重复启闭阀,可以在接收指令后自动复位关闭,使系统自动停止喷水;

（5）如果在系统停止喷水后火场发生火灾复燃现象,感温探测器可再次输出"确认火灾"信号,使系统恢复喷水。

此类系统具有可随机控制供水的"通""断"以及"延时停水""恢复喷水"等特点,因此可以降低在实现系统的预期功能后仍然继续喷水所造成的不必要的水渍损失。

2.4.6 雨淋系统

1. 稳压状态

（1）由稳压设施为供水管道保持稳压压力,使雨淋阀处于伺应状态。稳压压力应按开启雨淋阀后的供水压力确定;

（2）配套设置火灾自动报警系统或传动管;

（3）供水泵和雨淋阀的启动方式应按"自动控制"设置。

2. 启动过程

（1）由配套的火灾自动报警系统或传动管输出"确认火灾"信号;

（2）自动开启雨淋阀、启动供水泵,向雨淋阀辖区内的开式喷头供水;

（3）一组或多组开式喷头同时按设定强度持续喷水。

设置场所的面积较大时,应采取设置多台雨淋阀、分区控制多组开式喷头的设计方法。发生火灾时按预先设定的"逻辑控制"要求,同时开启"确认火灾"分区及其相邻分区的雨淋阀,由同时启用的雨淋阀控制同时喷水的开式喷头数量,以达到控制大面积场所雨淋系统的设计流量、喷水位置、喷水面积以及水渍损失的目的。

2.4.7 水幕系统

水幕系统的稳压状态和启动过程与雨淋系统相同。

防火分隔水幕系统和防护冷却水幕系统,均是防火分隔设施的辅助措施。防火分隔水幕系统用于封堵建筑物中防火分隔物上的孔、洞等开口,阻挡火灾与烟气从孔、洞等开口处蔓延。采用开式洒水喷头的防火分隔水幕系统相当于带状雨淋系统,可使系统的密集喷水形同一堵具有一定厚度的水墙;采用水幕喷头的防火分隔水幕系统,可使系统的喷水形成多层水帘状态。系统也可交错布置成排的开式洒水喷头与水幕喷头。

水墙与水帘的区别在于对水的分散性不同,由多排洒水喷头出水形成的水墙,分散性好、比表面积大、阻力大,吸收热量和洗涤烟气中有害气体与烟尘微粒的效果好;而由多排水幕喷头出水形成的多层水帘,则喷洒的水量比较集中、比表面积较小,与烟气的接触时间较短,吸热与洗涤烟气的效果比水墙差。

防护冷却水幕系统采用洒水喷头或水幕喷头,将水直接喷向遭受火灾加热的防火卷帘等分隔物或其他建筑构件等保护对象,依靠喷水的冷却作用和喷水在保护对象表面形成的水膜,使保护对象的受热面保持被水湿润、温度低于100℃的状态,以保证被保护对象的完整性和隔热性不被火灾破坏。用于保护防火卷帘而加密布置的闭式喷头,属于防护冷却水幕系统范畴。

《自喷系统设计规范》不推荐采用防火分隔水幕系统替代分隔敞开空间的防火墙。基于上述观点,除舞台口外,《自喷系统设计规范》限制防火分隔水幕的尺寸不应超过 15 m(长)×12 m(高)。

当雨淋系统或水幕系统的规模很小,同时喷水的开式喷头数量不多时,可采用感温雨淋阀(又称"喷头控制器")控制一组同时喷水的开式喷头,由安装在感温雨淋阀阀体上的闭式喷头探测火灾并驱动此类雨淋阀自动开启。

2.4.8 水喷雾系统

水喷雾系统的稳压状态和启动过程,与雨淋系统相同。

水喷雾系统启动后,由水雾喷头喷出的雾状水具有以下特点:

(1)水雾喷头的应用压力较高,喷出的雾状水滴粒径小、比表面积明显增大,因此具有更强的吸热能力,可使冷却灭火与防护冷却的功效得以提高。

(2)雾状水对参与助燃的空气产生一定的排斥与稀释作用,可对燃烧产生一定的窒息惰化效应。

(3)水喷雾的冲击作用,既具有强化冷却作用,又可使一些可燃液体的表层产生乳化或稀释作用,致使其燃烧性能恶化。试验证明:上述机理使水喷雾具有扑灭除汽油以外,包括航空煤油、变压器油、工业酒精等易燃可燃液体火灾的能力。

自喷系统的灭火机理是利用花洒状喷水对起火物品等保护对象及其周围环境的直接冷却作用，实现灭火、防火或防护冷却的目的。水喷雾系统的上述特性，使其灭火机理发生了有别于自喷系统的变化，包括：对燃烧具有一定的窒息作用，对一些易燃可燃液体的稀释或乳化作用可弱化其燃烧性能的作用，以及对一定距离内的燃烧物和保护对象具有冲击冷却的作用。

基于上述原因，当按灭火机理与保护对象分类时，水喷雾系统不属于自喷系统范畴，而是具有另外属性的自动灭火系统。也有资料在按系统的组成或者使用的灭火剂分类时，将水喷雾系统归类为自喷系统。

由于水喷雾系统的灭火机理和保护对象与自喷系统存在性质上的差异，国内外均为水雾喷头单独制定产品标准，为水喷雾灭火系统单独制定用于指导工程设计与施工的规范（工程建设标准）。

2.4.9　自动喷水-泡沫联用系统

在设置湿式系统的建筑物内，对于具有发生液体火灾潜在危险的场所，例如地下停车场等存在较多数量可燃液体的场所，可以在建筑物的局部设置附属于湿式系统的自动喷水-泡沫联用系统。

自动喷水-泡沫联用系统喷洒泡沫混合液时具有强化灭火能力的作用，喷水时可发挥控制火势或防护冷却的作用。

自喷系统采用的洒水喷头，属于非吸气型喷头，没有吸气孔和发泡网，因此不能创造使泡沫混合液与空气充分混合的条件，以致喷洒泡沫混合液的状态与喷水相类似。虽然此类系统不能使喷洒的泡沫混合液形成具有一定发泡倍数的泡沫，但喷洒的泡沫混合液具有类似于泡沫的灭火能力，可以扑灭液体火灾。

存在一定数量可燃液体的场所，包括停车场及其他性质类似的场所，火灾的状态可能显现可燃液体火灾的特点，采用自动喷水-泡沫联用系统可使自喷系统的应用范围得以扩展。

存在一定数量非水溶性可燃液体的场所，当采用自动喷水-泡沫联用系统时，如采取前期喷洒泡沫混合液灭火、后期喷水防护冷却的操作模式，则既可降低灭火操作时的运行成本，又可有效降低火灾复燃的风险。

存在一定数量工业酒精等水溶性可燃液体的场所，喷水具有稀释水溶性可燃液体、降低火灾燃烧速度的作用。采用自动喷水-泡沫联用系统时，宜选用抗溶性水成膜泡沫灭火剂,并且可以采取前期喷水、后期喷洒泡沫混合液的操作模式。

系统中泡沫灭火剂的选型、储存及比例混合器等相关设备的选型与配置,执行《低倍数泡沫灭火系统设计规范》(GB 50151)的规定。

泡沫喷淋系统是一种可用于生产、使用和储存可燃液体的厂房和仓库的固定灭火系统。泡沫喷淋系统与"雨淋-泡沫联用系统"的组成很相似,不同之处是泡沫喷淋系统采用"吸气型泡沫喷头",由吸气型泡沫喷头释放低倍数泡沫或中倍数泡沫。

吸气型泡沫喷头的结构与开式洒水喷头、水雾喷头不同,主要由喷嘴、吸气孔和发泡网等构成。系统启动后,由喷嘴喷出的泡沫混合液与吸气孔吸入的空气混合并穿越发泡网后,形成具有一定发泡倍数的泡沫。

泡沫的流动性可使泡沫覆盖燃烧物,并利用泡沫对燃烧的窒息作用和泡沫析出水对燃烧的冷却作用灭火。由于发泡网对水具有阻挡作用,致使吸气型泡沫喷头不能像洒水喷头那样均匀布水。

自喷系统的工程设计,执行工程建设国家标准《自动喷水灭火系统设计规范》(GB 50084)(以下简称《自喷系统设计规范》)。自喷系统的施工及验收,执行工程建设国家标准《自动喷水灭火系统施工及验收规范》(GB 50261)(以下简称《自喷系统施工及验收规范》)。采购的系统组件应具有由国家授权机构检验合格的检验证书和出厂检验合格证。

2.5 工程设计

自喷系统的工程设计,应确保自喷系统的可靠性和有效性及预期功能:发生火灾时应及时启动,并应按设定喷水强度对开启喷头保护的区域持续喷水,直至实现预期功能。

2.5.1 基础条件与步骤

我国的《自喷系统设计规范》是在逐渐积累科研成果和工程实践经验的基础上,依照积极借鉴发达国家标准和先进技术,结合我国具体国情,循序渐进并充分留有余地的思路,采取以湿式系统为主线,同时对其他系统提出特殊要求的编写方式制定的。

1. 设计自喷系统的基础条件

（1）设置场所的功能、体量、结构特点及空间与环境条件等；

（2）设置场所内容纳物品的性质、类别、构造、数量、疏密程度以及水平与竖向分布等；

（3）增援供水条件。

2. 设计步骤

（1）根据设置场所及其潜在火灾的特点确定系统选型。

（2）分析设置场所的火灾危险性、判定其火灾危险等级。

（3）确定影响自喷系统工作效能的技术参数，包括：①喷头选型与布置的参数；②稳压状态参数；③灭火能力参数；④消防给水参数。

（4）设备、组件、辅件及管材、管件的选型。

（5）喷头的布置。

（6）确定报警阀组的定位。

（7）供水与配水管道的布置。

（8）水流指示器和系统辅件等的布置。

（9）绘制系统图和平面布置图。

（10）水力计算。

（11）配置消防给水系统。

2.5.2 系统选型

凡在建筑防火设计中允许采用水作灭火剂的场所均可设置自喷系统。

常温场所，即环境温度不低于 4℃ 且不高于 70℃ 的场所，一般选用湿式系统。

据国外资料介绍，闭式喷头能够及时动作并有效覆盖起火范围的室内净空高度，一般为 8～25 ft(2.4～7.5 m)。为此，我国《自喷系统设计规范》将预期功能界定为"控火"的湿式系统，规定为适用于最大净空高度不超过 8 m 的民用建筑和工业厂房以及最大净空高度不超过 9 m 的仓库。采用早期抑制快速响应喷头的湿式系统，根据国外标准的规定，可实现"抑火"功能，适用于最大净空高度不超过 12 m(个别情况可达 13.5 m)的仓库。

在非仓库类高大空间场所中设置湿式系统,曾经因为科研基础和实践经验相对薄弱,导致预期功能和设计方法不够明确。国内外针对上述现实情况,进行了湿式系统的全比例模拟灭火试验。我国《自喷系统设计规范》在总结科研成果、借鉴国外应用技术的基础上,明确了在非仓库类高大空间场所中采用湿式系统的最大净空高度以及预期功能,并制定了相应的设计规则。

湿式系统应用场所的最大净空高度如表 26 所列。

表 26　湿式系统应用场所的最大净空高度

设置场所	预期功能	最大净空高度/m
民用建筑和工业厂房	控火	8
仓库	控火	9
	抑火	12
非仓库类高大空间场所	控火	18

"性质重要并且体量达到一定规模,或者火灾危险性大、人员密集、内部容纳物品的价值高",是我国标准界定工业与民用建筑是否设置自喷系统的基本原则。对于初建时没有设置湿式系统但投入使用后在局部区域设有娱乐场所的建筑,应在娱乐场所追加设置用于强化建筑物局部区域防火能力的局部湿式系统。

环境温度低于 4℃和高于 70℃的场所,可采用干式系统或单连锁预作用系统。凡是可以采用湿式系统但又不允许因管道漏水或系统误喷而造成水渍损失的场所,可采用单连锁预作用系统。

重复启闭预作用系统适用于灭火后必须及时停止喷水,以减少不必要水渍损失的场所。

采用"自动控制"启动方式的雨淋系统,适用于内部容纳物品燃烧时火焰的水平传播速度快、闭式喷头开启后不能确保喷水面积覆盖燃烧面积的场所。

通常情况下存在一定数量的可燃液体,火灾时可能显现可燃液体火灾特点的场所,例如公共停车库和具有上述特点的生产车间、库房等,当采用自喷系统时,可采用自动喷水-泡沫联用系统。

2.5.3　设置场所火灾危险等级

应根据设置场所内部容纳物品的性质、数量及其分布,预测物品燃烧总热、燃烧放热速率以及现场存在一定数量可燃易燃液体时将对火灾危险性产生的影响等因素，分析设置场所的火灾特点，并结合设置场所的环境条件，判定设置场所的火灾危险等级。

火灾是由失去控制的燃烧造成的。建筑物内只要有足够数量的可燃物，就有发生火灾的可能性。火灾的发生包括引燃和发展两个阶段。流淌的或者是能够形成液池的可燃液体，一经点燃便迅速蔓延，然后进入稳定燃烧阶段。建筑火灾多为固体火灾，一般的固体火灾的规模和波及范围，随火灾的燃烧时间逐渐扩大：初起阶段可能表现为"阴燃"，阴燃阶段可能持续几分钟甚至更长时间，随后有可能发生轰然。"初期火灾"通常是指物品被点燃、跳出明火并开始蔓延的火灾初始阶段，几分钟后便可进入"猛烈燃烧"的阶段。

初期火灾的燃烧面积不大、放热速率不高，容易控制或扑救。火灾进入猛烈燃烧阶段后，或燃烧面积已经较大，或放热速率已经较高，灭火难度明显增大。火灾危险性大的建筑，其火灾具有蔓延速度快、放热速率增长快、发烟量大、烟气毒性大、发生轰然的时间短等特点。

火灾初期如能迅速采取有效的扑救措施，不仅灭火难度小，而且成功率高，能够最大限度地降低人员伤亡和财产损失。各种自动灭火系统都是用于扑救初期火灾的，是在火灾危险性大、人员密集程度高、内部容纳物品价值高、性质重要的建筑中，保护人与物免遭火灾伤害的重要手段。

将可燃物占有量按燃烧热折算成木材重量的概念，称为"火灾荷载"。单位面积占有的火灾荷载，称为"火灾荷载密度"。火灾荷载和火灾荷载密度是用于衡量火灾危险性的重要参数。

可燃物燃烧时的瞬时放热量，称为"燃烧放热速率"。《消防基本术语》（第二部分）（GB/T 14107）对热释放速率（Heat Release Rate，HRR）的表述为：在规定的试验条件下，在单位时间内材料燃烧所释放的热量。热释放速率表达了火源释放热量的能力，单位为"W"，即"J/s"。

有机物燃烧时的产物，主要包括二氧化碳、一氧化碳和水，即：$CO_2 + CO + H_2O$（汽）。由于燃烧产物"水"被汽化，并在汽化过程中吸收燃烧产生的热量，所以有机物的燃烧热有高值燃烧热与低值燃烧热之分。

燃烧反应产生的热量为高值燃烧热，扣除燃烧产物"水"的汽化吸热量（潜热）后的燃烧热，为低值燃烧热。火灾释放的热量为低值燃烧热，其瞬时放热量应称为"火灾放热速率",是用于表述火灾猛烈程度的重要参数。单位面积火灾放热速率称为"火灾放热速率密度"。

根据火灾的燃烧特点,可划分为有限发展火和连续发展火两种类型。

引燃期过后放热速率按式(31)的规律增长,并按放热速率达到中等(1 055 kW)的时间评价火灾等级的,称为连续发展火。

$$Q = \alpha t^2 \tag{31}$$

式中　Q——火灾放热速率(MW);

　　　t——火灾燃烧时间(s);

　　　α——火增长系数,按自物品点燃至放热速率达到 1.055 MW 或
　　　　　1 000 Btu/s(1 kW·h＝3 413 Btu,Btu 为英热单位)的时间确定。

火增长系数与火灾现场可燃物的特点,包括:物品的类别、制作材料、制品的构造、有无包装及包装材料等,以及数量、水平分布、堆积高度、场所的通风条件等因素有关。

物品燃烧时火焰的竖向传播速度明显高于水平传播速度,因此不可忽视物品堆高对火灾危险性的影响。

按火增长系数 α 可将火灾划分四类(表27)。火灾放热速率与火灾燃烧时间关系曲线见图9。

表 27　按火增长系数的火灾分类

序号	火灾类别	Q 值达到 1.055 MW 的时间/s	火增长系数 α
1	慢速发展火灾	600	0.002 9
2	中速发展火灾	300	0.011 7
3	快速发展火灾	150	0.046 9
4	超快速发展火灾	75	0.187 6

据国外资料介绍,大多数火灾达到 1.055 MW 的时间为 150~200 s,其火增长系数的计算值 $\alpha = 0.026 \sim 0.047$。也有资料介绍,实际火灾的火增长系数 α 在 0.028~0.044 之间。因此,物品被点燃后的 5~10 min,对火灾扑救极其重要,在此期间只要火灾按连续发展火的规律蔓延,火灾放热速率将由 2~4 MW 窜升至 10 MW 甚至更高,使灭火难度明显提升。

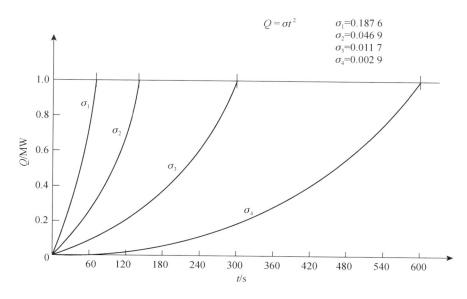

图9 火灾放热速率与火灾燃烧时间关系曲线

可燃物周围有防火分隔物或足够的隔离空间,使最大放热速率不超过预测值的火灾,属于典型的有限发展火。

火灾放热速率亦可按式(32)计算:

$$Q \approx RHA \tag{32}$$

式中 R ——可燃物燃烧速度[kg/(m² · min)];

H ——可燃物低值燃烧热(kW · h/kg);

A ——燃烧面积(m²)。

烟气是火灾的头号杀手。建筑物中因火灾而形成的有害烟气,与燃烧直接产生的烟气有所不同:由于燃烧烟气对火场环境中空气的卷吸、扰动及渗透作用,使火灾烟气中包括燃烧烟气以及被混入、被污染的空气。

燃烧烟气=助燃的空气-燃烧消耗的氧气+燃烧的气体产物
火灾烟气=燃烧烟气+被混入和被污染的空气

随着时间的推移,火灾烟气层与环境空气间的界面将下沉到危及人身安全的高度。

火灾烟气形成的烟层界面有可视界面和实际界面两个概念。可视界面是指视觉可清晰识别的烟层界面,实际界面则是指烟层可视界面下方被污染的空气与清洁空气之间的界面。虽然被污染空气已经具有有害成分,但能见度仍与清洁空气差别不大,所以实际界面并不清晰。实际界面的高度是火场中的危险高度,应控制在高于人体的高度。防火设计时应将实际界面按低于可视界面不小于0.5 m确定。

　　包括仓库建筑和建筑中库房在内的储物类场所,影响火灾危险性和灭火难度的因素很多,包括:场所的面积、净空高度及容积,储存物品的类别、货品的储存方式、货品或货架的高度及间距等。从库房到高大空间仓库、从混杂储存不同类别商品的仓库到行业性仓库,以及采用袋装、纸箱、木箱等不同包装方式的仓库等,火灾危险性和灭火难度的差别很大。

　　相比传统观念,仓库内容纳物品的性质已经发生改变,含有合成材料的物品、有外包装的物品以及纸箱、木箱等外包装中保护商品的填充物(泡沫塑料、纸团、纸板、木条)等,在仓库容纳物品中所占的比重明显增大,致使火灾危险性也相应增大。

　　堆垛和货架仓库中物品的堆积高度大,火灾的竖向蔓延速度快,火灾放热速率的增长速度快,火头的位置不断升高。仓库火灾虽然能够较为迅速地驱动喷头,但是由于此类火灾的火增长系数大、系统开始喷水时的火灾放热速率大、堆垛和货架对喷水的遮挡作用等因素,使喷水顺利送达起火部位的难度增大,致使灭火的难度增大。

　　上述因素使仓库在防火设计中的分类、火灾危险等级的划分以及设计参数的制定较为繁杂。

　　会展中心、体育馆等非仓库类高大空间场所,室内空间高大,内部物品主要在地面水平摆放,按堆积方式布置的物品数量占比很少且高度较低。因此,与高大空间仓库相比,物品的数量和堆积高度有很大差异;与一般的敞开空间的场所相比,室内净空高度有很大差异。由于火灾荷载的密度相对较小,潜在火灾的火增长系数和火头的位置明显低于仓库类建筑,但是由于室内净空高度大,火灾烟气升腾至顶板的距离大,并且受室内通风、换气条件的影响大,使火灾驱动闭式喷头的条件趋于不利且不确定性增大。当室内净空高度大到一定程度,闭式喷头的动作时间、开启闭式喷头的位置和数量、开启闭式喷头时对应的火灾放热速率、开启喷头喷水量的覆盖范围等特点,均与湿式系统在常规应用场所中的表现及灭火效能有所不同,因此不能用传统的观点简单地解释湿式系统在非仓库类高大空间场所中的灭火过程,也不应苛求其符合在常规应用场所中的操作规律。尽管如此,非仓库类高大空间场所仍然与其他应用场所一样,遵循火灾及其烟气的热能达到驱动闭式喷头之所需,喷头自会开启;喷头开启后的喷水,若能达到冷却火灾之所需,便能抑制燃烧的规律。此外,此类场所的蓄烟仓不仅容积大而且位置高,火灾烟气层沉降至危险高度的时间明显增大,使得此类场所具有较多的安全疏散时间,并且疏散时具有较好的视野,现场人员可以较为从容地疏散和采用室内消火栓灭火。为此,应当重视此类场所操作室内消火栓灭火的便利性,积极创造采用室内消火栓灭火的条件,充分发挥室内消火栓与湿式系统协同灭火的作用。

评估设置场所的火灾危险性,应充分考虑设置场所火灾的热特性、烟特性,火灾对现场人员、物品、建筑物的危害,采用自喷系统遏制火灾的难易程度,自喷系统与室内消火栓的协作关系等方面的因素。

影响湿式系统灭火难易程度的因素包括以下四个方面:

(1)设置场所内可燃物品的特点(类别、材料、构造及包装等)、数量及分布;

(2)设置场所的空间条件(面积、高度以及通风);

(3)系统开放首批闭式喷头的时间及其对应的火灾规模(放热速率、燃烧面积及火焰高度等);

(4)设置场所内悬挂物与地面物品对喷水的阻挡等。

《自喷系统设计规范》目前仍然主要以"设置场所的建筑类别、功能、重要性、人员密集程度,内部容纳物品的价值和类别、数量与分布,燃烧性能以及对火灾发展蔓延趋势、灭火难易程度的评估"等因素,作为划分和判断设置场所火灾危险等级的依据。

该规范 1985 年版对建筑物火灾危险等级的规定如下:

(1)严重危险级:火灾危险性大、可燃物多、发热量大、燃烧猛烈和蔓延迅速的建(构)筑物;

(2)中危险级:火灾危险性较大、可燃物较多、发热量中等、火灾初期不会引起迅速燃烧的建(构)筑物;

(3)轻危险级:火灾危险性较小、可燃物少、发热量较小的建(构)筑物。

该规范 2001 年版对设置场所火灾危险等级的划分如下：

（1）轻危险级；

（2）中危险级，并划分为Ⅰ级和Ⅱ级；

（3）严重危险级，并划分为Ⅰ级和Ⅱ级；

（4）仓库危险级，并划分为Ⅰ级、Ⅱ级和Ⅲ级。

对于给定场所，应在参考该规范中"设置场所火灾危险等级举例表"的基础上，结合现场具体条件，分析火灾特点和灭火、疏散的难易程度，以及同类建筑防火灭火案例的经验总结，判断火灾危险等级。

当建筑物内不同场所的火灾危险性存在较大差异时，可根据各场所的实际情况，分别确定系统的火灾危险等级。

判定设置场所的火灾危险等级后，确定系统的选型及其设计参数。

2.5.4　影响湿式系统工作效能的因素

1. 湿式系统实现预期功能的途径

（1）通过控制闭式喷头的动作时间，控制系统开始喷水的时间；

（2）通过控制闭式喷头的开启数量和喷头开启后的工作压力，控制系统的喷水面积和喷水强度；

（3）通过限定闭式喷头的开启数量，限制系统按设定强度喷水的最大面积，即系统作用面积；

（4）按设定强度喷水的作用面积，体现系统的最大灭火能力；

（5）系统最大灭火能力是控制相应危险等级场所内火灾不超出设定范围的重要措施。

2. 影响湿式系统工作效能的技术参数

（1）喷头的选型与布置，与一系列保障闭式喷头及时受热、动作并均匀喷水的重要参数密切相关，包括：闭式喷头的公称动作温度、响应时间指数、流量系数、应用压力等，以及喷头溅水盘至顶板的距离、喷头的间距、单只喷头的保护面积等。

（2）稳压状态参数，是保障系统能够顺畅完成启动过程的基础，包括：最不利点喷头的应用压力、稳压设施的供水压力以及湿式阀入口压力等。其中：①最不利点喷头的应用压力用于限定最不利点喷头的最低工作压力，以及保障最不利点喷头保护范围内的喷水强度不低于工程设计参数；②由稳压设施提供的稳压压力，用于保障在系统启动过程中或者等待增援供水期间开启的闭式喷头，按符合设定压力的状态持续喷水；③湿式阀入口压力用于控制湿式阀的开阀时机，使湿式阀在系统流量达到设定的开阀流量时开启。

（3）灭火能力参数，是保障系统灭火能力的参数，包括：设计喷水强度、喷水面积及持续喷水时间等，由喷头选型、喷头与管道的布置以及消防给水参数控制。

（4）消防给水参数，是保障灭火用水量的参数，其中：①消防供水泵的供水参数，用于保障自喷系统的设计流量及其相应的供水压力；②消防水池的参数用于保障持续供水时间内自喷系统的用水量；③稳压设施的供水参数用于保障阶段性供水流量、相应的供水压力及持续供水时间。

2.5.5　喷头的选型与布置

给定场所中闭式喷头的选型与布置，将决定闭式喷头的动作时机以及喷头开启后的喷水强度和喷水面积。

喷头的选型应符合系统选型的要求，应充分考虑设置场所条件对喷头选型的影响，例如环境温度、是否吊顶、设计喷水强度等。

（1）不设吊顶的场所中设置的闭式喷头，当配水管道布置在梁的下方时，应选用直立于配水管道安装的直立型喷头；

（2）吊顶上方空间内的闭式喷头，应选用直立型喷头；

（3）与吊顶平齐安装的闭式喷头，应选用下垂于配水管道安装的下垂型喷头，不得选用通用型喷头。

嵌入吊顶安装的喷头应选用吊顶型喷头，包括平齐式、半隐蔽式和隐蔽式。闭式喷头的公称动作温度应按高于设置场所最高环境温度约 30℃ 确定。当选用 $K = 80$ 喷头难以满足一只喷头保护面积内的设计喷水强度时，应选用流量系数更大的喷头。

火灾蔓延速度快、火灾烟气层下降至安全高度的时间短的场所，人员密集、疏散条件差、增援灭火难度大的场所，以及老弱病残活动场所、少年儿童活动场所等，适合采用快速响应型喷头。

仓库建筑应根据室内净空高度、储物方式、最大储物高度以及设计喷水强度等因素确定闭式喷头的选型。

非仓库类高大空间场所应根据室内净空高度采用 $K \geqslant 115$ 喷头或非仓库型特殊应用喷头。

局部应用系统采用标准覆盖面积喷头或扩大覆盖面积喷头。

住宅建筑中,采用按"增大成功逃生机会"定位预期功能的住宅系统可选用家用型喷头,采用按"控火"定位预期功能的湿式系统仍应选用常规类型的闭式喷头。

除非另有规定,建筑中的同一分隔间内,应选用同一型号的喷头,不得混用不同型号的喷头,以保障喷头的安装方式、流量系数、公称动作温度、响应时间指数等参数的统一。

采用边墙型喷头的场所,当设置双排边墙型喷头仍不足以覆盖室内全部使用面积时,可在双排边墙型喷头保护区域的中间地带,加装下垂型或直立型喷头。

在喷头容易遭受碰撞的位置,应选用带保护罩的喷头。

低温场所中设置的干式系统、预作用系统,为防止短立管内积水,应选用直立型喷头或干式下垂型喷头。

布置喷头的一般要求:

(1) 喷头的布置应覆盖设置场所内全部使用面积;

(2) 闭式喷头的定位,应严格控制喷头溅水盘与顶板的距离,单只喷头的保护面积,以及喷头与邻近隔墙、障碍物的距离;

(3) 不论是水平顶板还是有一定倾斜度的顶板,其下方的喷头均应布置在与顶板平行的同一平面上。

据资料介绍:平滑无障碍顶板下安装的闭式喷头,其热敏元件位于顶板下方 $25 \sim 75$ mm 位置时,闭式喷头在火灾中的动作时间最短。嵌入吊顶安装的吊顶型喷头,相当于下垂型喷头的溅水盘,处于平滑无障碍顶板下 $200 \sim 300$ mm 的位置。为此,除了嵌入吊顶及与吊顶平齐安装的喷头和有特殊要求的闭式喷头外,安装在顶板下方的闭式喷头,溅水盘与顶板的垂直距离应控制在 $75 \sim 150$ mm 之间,有障碍顶板下安装的闭式喷头,溅水盘与顶板的垂直距离不应超过 300 mm。

同一配水支管上相邻闭式喷头之间的距离和相邻配水支管之间的距离是控

制闭式喷头动作时间和单只喷头保护面积的重要指标。按正方形、矩形或平行四边形布置喷头时，位置成对角线之势的闭式喷头，其间距不得大于单只喷头保护面积的直径。同一配水支管上相邻喷头的间距和相邻配水支管的间距，应根据系统的设计喷水强度、选用喷头的流量系数和选定的应用压力确定。同一配水支管上相邻喷头的间距与相邻两配水支管之间距离的乘积，不得超出单只喷头的额定保护面积。

相邻闭式喷头之间的最小距离不得小于 2.4 m。控制相邻闭式喷头之间的最小距离是为了防止闭式喷头开启后的喷水喷湿相邻尚未动作的闭式喷头，避免发生相邻喷头不能及时动作或跳过相邻喷头开启其外围喷头等影响灭火效能的现象。

设置场所内布置的喷头，其喷水不仅应覆盖使用面积，还应喷湿四周围护墙距离地面一定高度的墙面。控制喷头至邻近墙的距离，就是为了保证喷头的出水能够喷湿邻近墙自地面以上一定范围的墙面，以防止火灾点燃围护墙附近及墙面上的可燃物（例如窗帘、护墙板等）后竖向蔓延。单排布置的边墙型喷头，应保证喷头的出水能够喷湿对面墙上一定范围的墙面。布置边墙型喷头时，其两侧 1 m 及正前方 2 m 范围内，顶板或吊顶下不应存在阻挡喷水的障碍物。

为闭式喷头定位时，应尽量避免喷头附近存在严重妨碍其均匀布水的障碍物，无法避免时应增设补偿受阻水量的喷头。仅在走道设置单排喷头的闭式系统，喷头的间距应按走道地面上不留有喷水的空白区域确定。在设置局部应用系统的建筑中，与闭式喷头覆盖区域连通的走道、喷头覆盖区域周边隔墙上的门窗的外侧，应布置用于阻断火焰与烟气蔓延的闭式喷头。

为了保证防火分隔水幕的挡烟阻火作用，其喷头布置应保证水幕具有足够的厚度，并规定不得小于 6 m。采用水幕喷头时，喷头不应少于 3 排；采用开式洒水喷头时，喷头不应少于 2 排。防护冷却水幕的喷头应布置在保护对象的受火面一侧。

梁间布置喷头时，鉴于梁具有阻挡烟气的作用，布置在梁与梁之间的喷头，可在保证喷水不受梁阻挡的前提下，适当放大喷头溅水盘到顶板的距离至 550 mm。当喷头溅水盘至顶板的距离达到 550 mm，而喷水仍然遭受梁的阻挡时，应在梁的底面下方增设喷头。喷头布置在梁底面或密肋结构的顶板下方时，与梁底面、密肋底面的垂直距离，不应小于 25 mm，也不应大于 150 mm。

此外还有一些特殊要求,例如:

民用建筑中按 4 m×4 m 间距布置十字形状的梁时,由梁围护的面积内可只布置 1 只喷头,此种情况下,1 只喷头的保护面积扩大为 16 m²,为此应相应提高喷头的工作压力,以保证 1 只喷头保护面积内的喷水强度。

净空高度大于 800 mm 的闷顶和技术夹层内,如果存在可燃物,则应设置喷头。

当梁、通风管道、成排布置的管道、桥架等障碍物的宽度大于 1.2 m 时,其下方应增设喷头。成排布置的管道或桥架之间存在缝隙时,在其下方增设的喷头,上方应加装集热挡水板。

图书馆、档案馆、商场和仓库等场所中陈列的物品,由于高度较高,对喷水的阻挡作用较大,不利于喷头均匀喷洒。在通道的上方设置喷头,可使其喷水具有相当于分隔水幕的作用,抑制火灾的水平蔓延,其所处位置与被保护对象的最小水平距离、喷头溅水盘与保护对象的最小垂直距离应符合相关规范的规定。

货架内设置的喷头宜与顶板下的喷头交错布置,溅水盘与其上方货架层板的距离,应符合溅水盘与顶板距离的规定,溅水盘与其下方货品顶面的垂直距离则应不小于 150 mm。货架内喷头上方的货架层板,应为无孔隙的封闭层板。货架内喷头上方如有孔洞、缝隙,应在喷头上方设置集热挡水板。

边墙型扩展覆盖面积喷头的最大保护跨度、配水支管上相邻喷头的间距及其与端墙的距离,应按喷头在应用压力下喷水,并能使喷水喷湿对面墙和邻近端墙自地面以上至溅水盘以下 1.2 m 水平线之间的范围确定,保护面积内的喷水强度应符合相关规范的规定。

直立型、下垂型喷头与不到顶隔墙的水平距离,不得大于喷头溅水盘与不到顶隔墙顶面垂直距离的 2 倍。

悬空安装喷头并为悬空喷头加设集热挡水板的设计做法是错误的。原因是集热挡水板的面积只有 0.12 m²,仅占单只喷头保护面积的约 1%,对悬空安装的喷头不能发挥集热的作用。

投入使用的自动喷水灭火系统,应有喷头备品。给定建筑工程的喷头备品数量不得少于其实际安装的喷头总数的 1%,并且每种型号的喷头均不得少于 10 只。

2.5.6 系统的流量及其供水压力

自喷系统的流量,应按为灭火而同时喷水的喷头流量之和确定。湿式系统在不同灭火阶段的流量,应按在不同灭火阶段中开启的闭式喷头的流量之和确定,包括初期流量、应急流量以及设计流量。

闭式喷头开启后的流量取决于选用喷头的流量系数与其开启后的工作压力。已开启喷头的工作压力,与已开启喷头的位置、数量、系统的供水压力以及相应的水头损失有关。开启喷头的位置和数量受诸多因素影响,不仅随机性强而且具有一定的不确定性。

自喷系统的喷水强度,用单位面积、单位时间内的喷水量$[L/(min \cdot m^2)]$表示。设计喷水强度由选用喷头的流量系数、选用喷头在设置场所中采用的应用压力以及单只喷头的保护面积确定。单只喷头的保护面积按系统中 4 只喷头的围合面积确定。

在灭火进程中开启的闭式喷头控制着系统的喷水面积。喷水强度和喷水面积组合形成自喷系统的灭火能力。按设计喷水强度喷水的面积达到作用面积时,体现自喷系统的最大灭火能力。持续喷水时间是指自喷系统能够在设计喷水强度和作用面积条件下持续喷水的时间。

自喷系统的设计流量,应按最不利作用面积内所有喷头同时在其设定工作压力下喷水时的流量之和确定。供水压力则应按向最不利作用面积输送设计流量所需要的供水压力确定。

《自喷系统设计规范》针对民用建筑、厂房及仓库,按火灾危险等级规定了相应的设计基本参数。

制定设计喷水强度、持续喷水时间和作用面积的主要依据,包括:系统开始喷水时给定场所的火灾态势、一次灭火中限定系统开启的闭式喷头数量、给定场所在自喷系统自救灭火条件下的火灾延续时间等。在每一次灭火中限定系统开启的闭式喷头数量,应充分考虑自喷系统在给定场所可能遭遇的状况,例如:设置场所内可能存在局部区域火灾危险性偏高的现象,闭式喷头可能存在迟滞动作、布水不均匀、喷水受阻等诸多不利因素。

工程设计中,应依据设置场所的特点确定其火灾危险等级,按自喷系统及其喷头选型确定系统的设计基本参数。其中,通过选用喷头的性能与布置的参数,控制系统的喷水强度;根据设计喷水强度、作用面积以及管道布置,采用水力计算方法确定系统的设计流量和供水压力;根据设计流量和持续喷水时间确定系统的总用水量。初期供水和应急供水阶段,应根据自动启用消防供水泵需要的时间内以及增援供水需要的时间内开启的闭式喷头数量,确定相应的阶段性流量及其供水压力。

局部应用系统配套设置的消防给水系统,应保证持续供水时间不低于0.5 h,并按0.5 h持续供水时间内可能开启的闭式喷头数量确定作用面积。

仅在走道设置喷头的湿式系统,可在发生火灾时发挥防火分隔和改善疏散条件的作用,作用面积应按最大疏散距离对应的走道面积确定。

仓库的情况比较复杂,室内净空高度、内存物品的类别、物品的储存方式和物品的堆积高度等诸多因素,对火灾特性及灭火难度的影响很大,以致对仓库的分类、分级更细,可选用喷头的类型更多。我国标准中关于仓库湿式系统的喷头选型及相应设计基本参数的规定,按借鉴发达国家标准、结合我国具体国情、循序渐进并不断充实完善的思路制定。

对于装设网格、栅板类通透性吊顶的场所,当湿式系统仅在顶板下布置一层喷头时,通透性吊顶对喷头洒水的阻挡作用,将会对均匀布水产生不利影响。增大喷水强度的措施,可以补偿喷水强度的受阻损失。为此,系统的设计喷水强度,要求按此类场所内采用封闭型吊顶规定值的1.3倍确定。若将闭式喷头布置在与通透性吊顶平齐的高度,处于悬空安装位置的闭式喷头将可能因为不能充分接触火灾烟气而难以及时动作,或动作时火灾的态势已经偏大,应对方法是在顶板下加装一层闭式喷头,系统用水量应按两层闭式喷头均有可能参与灭火确定。

防火分隔水幕的喷水强度,源自相关规范规定的长度喷水强度$[L/(s \cdot m)]$,即单位长度水幕在单位时间内的喷水量,规定值为$2 L/(s \cdot m)$。当防火分隔水幕的宽度为6 m时,如按面积喷水强度$[L/(min \cdot m^2)]$表述,应为

$$2 L/(s \cdot m) \times 1 m \div 6 m^2 \times 60 s = 20 L/(min \cdot m^2)$$

当防火分隔水幕的长度达到15 m时,供水流量将超过30 L/s。

喷水高度为4 m,喷水强度为$0.5 L/(s \cdot m)$的防护冷却水幕,折算成对防火卷帘的面积喷水强度为

$$0.5 L/(s \cdot m) \times 1 m \div 4 m^2 \times 60 s = 7.5 L/(min \cdot m^2)$$

按此强度将水喷向防火卷帘的顶端时,可以保证防火卷帘的完整性和隔热性不被火灾破坏。提高喷水点的高度,将使喷水向下流淌的距离增大,汽化损失

增大,并使水幕的面积喷水强度下降,水幕的防护冷却能力下降。所以,喷水点高度每提高 1 m,喷水强度相应增加 0.1 L/(s·m)的规定,用于补偿喷水量沿分隔物下淌时受热汽化的水量损失。

为保护防火卷帘而加密布置的闭式喷头,应具有与防护冷却水幕相同的功效。原《高规》在相关规定的条文说明中提出:加密布置的闭式喷头,间距应为 2.0~2.5 m,至卷帘的距离宜为 0.5 m。

为了最大限度降低滞后喷水造成的不利影响,保证系统的预期功能,干式系统的配水管道充水时间应按不超过 1 min 确定,作用面积应按湿式系统作用面积的 1.3 倍确定。

单连锁预作用系统应在火灾自动报警系统确认火灾后立即进行为配水管道充水的预作用操作,配水管道的充水时间应按不超过 2 min 确定。

雨淋系统中每个雨淋阀控制的喷水面积,一般情况下应按不超过相应火灾危险等级场所湿式系统的作用面积确定。

喷洒泡沫混合液的湿式系统,应按相应火灾危险等级场所湿式系统的要求确定稳压参数。在系统流量大于或等于 4 L/s 的条件下,泡沫比例混合器应按规定的混合比输出泡沫混合液。在系统流量为 4 L/s 的条件下,在最不利区域内开启喷头开始喷洒泡沫混合液的时间不应大于 3 min。泡沫灭火剂的储存量应按持续喷洒泡沫混合液的时间不小于 10 min 确定。

当同一建筑工程内同时设置湿式系统与其他自喷系统时,既可设置各自独立的消防给水系统,也可设置合用的消防给水系统。合用的消防给水系统应为各系统设置独立的供水管道。如果将其他系统串联接入湿式系统,其他系统的供水管道应与湿式系统的配水干管连接。合用消防给水系统的设计流量和供水压力,应按用水量最大或供水压力最大的系统确定。当一次火灾中存在其他系统与湿式系统同时启用的可能性时,应按满足同时启用系统的共同需求,确定消防给水系统的供水能力。

当设置湿式系统的建筑内同时在局部区域设置水喷雾系统时,如果湿式系统和水喷雾系统存在同时启用的可能性,并且设置二者共用的消防给水系统时,消防给水系统的设计流量及供水压力应按能够同时满足湿式系统与水喷雾系统的用水需求设定,也可将水喷雾系统视同于保护局部区域的其他自喷系统处理。

2.5.7　水力计算

水力计算是自喷系统工程设计中的重要步骤,用于确定系统的最不利作用面积,最不利作用面积内喷头数量、位置、各喷头的工作压力和流量,系统的流量以及向最不利作用面积输送设计流量的供水压力等。

《自喷系统设计规范》规定:系统的设计流量,应按最不利作用面积内所有喷头同时喷水时的总流量确定。具体的方法及步骤如下:

(1) 按《自喷系统设计规范》的规定,确定设置场所的火灾危险等级以及系统的设计喷水强度、作用面积和持续喷水时间。

(2) 依据设置场所的具体情况,确定系统最不利作用面积的位置和最不利点喷头的位置。

(3) 根据设置场所的特点及喷头的选型,确定喷头的应用压力。

选定喷头的应用压力以及最不利点喷头的应用压力,均应在选定喷头的工作压力范围之内。$K = 80$ 喷头的应用压力应按 0.10 MPa 确定。选用 $K = 80$ 喷头的轻、中危险级自喷系统,最不利点喷头的应用压力可按不低于 0.05 MPa 确定。选用 $K = 80$ 喷头的轻、中危险级自喷系统,当按启用最不利点 1 只喷头确定的湿式阀开阀流量为 60 L/min 时,最不利点喷头的应用压力应按流量 60 L/min确定;按启用最不利点 1 只喷头确定的湿式阀开阀流量为 80 L/min 时,最不利点喷头的应用压力应按流量 80 L/min 确定。

确定自喷系统流量及相应供水压力的方法如下:

每只喷头的保护面积应根据选定喷头在应用压力下的流量及系统的设计喷水强度按式(33)确定:

$$S_t = \frac{q}{w} \tag{33}$$

式中　S_t ——单只喷头的保护面积(m^2),单只喷头保护面积的取值,不得超出
　　　　　　规范的规定;

　　　 q ——喷头在设定工作压力下的流量(L/min),应依据喷头的选型、设定
　　　　　　的工作压力,按式 $q = k\sqrt{10p}$ 计算,其中 p 为喷头工作压力
　　　　　　(MPa);

　　　 w ——系统的设计喷水强度[L/(min·m^2)]。

系统中按正方形、矩形、菱形或平行四边形布置的喷头,4只喷头的围合面积,不得超出单只喷头的保护面积。按4只喷头围合面积确定的配水支管上喷头的间距,不得超出规范的规定。

系统中喷头按正方形或菱形布置时,配水支管上喷头的间距按式(34)确定:

$$L_t = \sqrt{S_t} \qquad (34)$$

式中 L_t ——配水支管上喷头的间距(m),其取值不得超出规范的规定。

系统中喷头按矩形或平行四边形布置时,配水支管上喷头的间距应为矩形、平行四边形的长边边长,并应按式(35)确定:

$$L_t = 1.1 \sqrt{S_t} \qquad (35)$$

两相邻配水支管间的距离,喷头按正方形布置时,与配水支管上的喷头间距相等;喷头按矩形布置时,等于矩形的短边边长;喷头按平行四边形或菱形布置时,等于平行四边形、菱形的高,并应按式(36)确定:

$$L_g = \frac{S_t}{L_t} \qquad (36)$$

式中 L_g ——相邻两配水支管之间的距离(m)。

系统作用面积内的喷头数量,应按式(37)确定:

$$N = \frac{S}{S_t} \qquad (37)$$

式中 N ——系统作用面积内喷头的数量(只),当 S 不能被 S_p 整除时,N 的取值应按取商的整数并加1确定;

  S ——系统作用面积(m^2)。

《自喷系统设计规范》规定:最不利作用面积宜为矩形,矩形的长边应平行于配水支管,长度按不宜小于作用面积平方根的1.2倍确定。依据是最不利作用面积内喷头全部开启时的喷水范围,形状为长边平行于配水支管的矩形时,对供水流量和供水压力的要求较高。

最不利作用面积的长边取值应按式(38)确定:

$$L_c = 1.2 \sqrt{S} \qquad (38)$$

最不利作用面积内最不利配水支管上的喷头数量,应按式(39)确定:

$$n = \frac{L_c}{L_t} \qquad (39)$$

式中　L_c——最不利作用面积的长边(m);

　　　n——最不利作用面积内最不利配水支管上的喷头数量(只),当 L_c 不能
　　　　　被 L_t 整除时,n 的取值应按取商的整数并加 1 确定。

最不利作用面积内配水支管的数量,应按式(40)确定:

$$m = \frac{N}{n} \qquad (40)$$

式中　m——最不利作用面积内配水支管的数量(根),当 N 不能被 n 整除时,
　　　　　m 的取值应按取商的整数并加 1 确定。

最不利作用面积内最有利配水支管上的喷头,应靠近配水管布置。

最不利作用面积内各个喷头的工作压力、流量以及相应连接管段的水头损
失,应按逐点计算的方法依次确定:

(1) 设定最不利点喷头的应用压力及相应连接管段的管径,计算最不利点
喷头的流量及其连接管段的水头损失(连接管段的水头损失,采用管道水头损失
计算公式计算)。

(2) 依次逐一确定最不利作用面积内最不利配水支管上其他各个喷头的工
作压力、流量以及相应连接管段的管径与水头损失。

(3) 最不利作用面积内最不利配水支管上各个喷头的流量之和,确定为最
不利配水支管的流量。

(4) 最不利配水支管与配水管连接节点的压力,确定为最不利配水支管的
入口压力。

采用最不利配水支管的流量与入口压力,按式 $k = q/\sqrt{10p}$ 计算最不利配水
支管的流量系数:

$$k_1 = \frac{q_{z1}}{\sqrt{10 p_{z1}}} \qquad (41)$$

式中　q_{z1}——最不利配水支管的流量(L/min);

　　　p_{z1}——最不利配水支管的入口压力(MPa);

132

k_1——最不利配水支管的流量系数。

（5）确定与最不利配水支管相连接配水管的管径，计算最不利配水支管与其相邻配水支管之间配水管管段的水头损失，确定相邻配水支管的入口压力。

（6）当最不利作用面积内其他配水支管上的喷头和管段的配置与最不利配水支管相同时，采用最不利配水支管的流量系数，依次确定其他配水支管的流量、与之相连的配水管的管径以及配水管管段的水头损失。

（7）最不利作用面积内喷头全部开启时的流量之和，确定为系统设计流量。

（8）最不利作用面积内最有利配水支管与配水管连接节点的压力，确定为最不利作用面积的入口压力。

配水支管可有多种布置方式：①配水支管布置在配水管一侧；②配水支管布置在配水管两侧，并且两侧配水支管上的喷头数量相等；③配水支管布置在配水管两侧，但两侧配水支管上的喷头数量不相等。采用不同布置方式的配水管道，系统的设计流量和供水压力有所不同。

当最不利作用面积内配水管两侧配水支管上的喷头数量不相等时，应采用最不利点喷头的应用压力，分别自配水管两侧配水支管的远端喷头，依次逐一计算喷头数量较多一侧最不利配水支管、喷头数量较少一侧最不利配水支管上各个喷头的流量、两侧配水支管的流量以及相应的入口压力。

按式 $k = q/\sqrt{10p}$ 分别计算喷头数量较多一侧最不利配水支管、喷头数量较少一侧最不利配水支管的流量系数。其中，喷头数量较多一侧最不利配水支管的流量系数按式（42）计算。

$$k_1 = \frac{q_{z1}}{\sqrt{10p_{z1}}} \tag{42}$$

喷头数量较少一侧最不利配水支管的流量系数按式（43）计算。

$$k_2 = \frac{q_{z2}}{\sqrt{10p_{z2}}} \tag{43}$$

根据配水管两侧配水支管入口压力相等的原理，采用喷头数量较多一侧最不利配水支管入口压力，按式（44）计算。

$$q_{z3} = k_2\sqrt{10p_{z1}} \ \text{或} \ q_{z3} = \frac{q_{z2}\sqrt{10p_{z1}}}{\sqrt{10p_{z2}}} \tag{44}$$

133

调整喷头数量较少一侧最不利配水支管的流量。

式中 q_{z1}——喷头数量较多一侧最不利配水支管的流量(L/min);

p_{z1}——喷头数量较多一侧最不利配水支管的入口压力(MPa);

q_{z2}——平衡入口压力之前喷头数量较少一侧最不利配水支管的流量(L/min);

p_{z2}——平衡入口压力之前喷头数量较少一侧最不利配水支管的入口压力(MPa);

q_{z3}——平衡入口压力之后喷头数量较少一侧最不利配水支管的流量(L/min)。

当最不利作用面积内,最有利配水支管上的喷头数量少于其他配水支管上的喷头数量时,应按下列步骤计算最有利配水支管的流量。

采用最不利点喷头应用压力,自远端依次逐一计算最有利配水支管上同时启用的各个喷头的流量以及配水支管的流量与入口压力,按式(45)计算该配水支管的流量系数。

$$k_3 = \frac{q_{z4}}{\sqrt{10 p_{z4}}} \tag{45}$$

式中 q_{z4}——最不利作用面积内最有利配水支管调整前的流量(L/min);

p_{z4}——最不利作用面积内最有利配水支管调整前的入口压力(MPa);

k_3——最不利作用面积内最有利配水支管的流量系数。

采用自最不利配水支管入口向配水管上游逐步计算而获得的最有利配水支管入口压力和流量系数,按式(46)调整最有利配水支管的流量。

$$q_{z5} = k_3 \sqrt{10 p_{z5}} \text{ 或 } q_{z5} = \frac{q_{z4}\sqrt{10 p_{z5}}}{\sqrt{10 p_{z4}}} \tag{46}$$

式中 p_{z5}——最不利作用面积内最有利配水支管的入口压力(MPa);

q_{z5}——最不利作用面积内最有利配水支管调整后的流量(L/min)。

总之,当最不利作用面积内各配水支管上喷头的数量不等时,喷头数量较少的配水支管应重新计算流量系数,并调整此类配水支管的流量。

(9)汇总最不利作用面积内所有喷头的总流量后,计算自最不利作用面积入口至供水泵出口的管道水头损失。

《自喷系统设计规范》(2001年版)规定,每米管道的水头损失应按式(47)计算:

$$公式 \text{I}: \qquad i = 0.000\,010\,7 \times \frac{v^2}{d_j^{1.3}} \qquad (47)$$

式中 i——1 m 管道的水头损失(MPa/m);

　　　v——管道内水的平均流速(m/s);

　　　d_j——管道的计算内径(m)。

式(47)来源自该规范1985年版采用的适用于流速 $v \geqslant 1.2\,m/s$ 的舍维列夫公式: $i = 0.001\,07v^2/d_j^{1.3}(\text{m-H}_2\text{O}/\text{m})$,转换单位后准确的计算公式应为 $i = 0.000\,010\,5v^2/d_j^{1.3}(\text{MPa/m})$。

《消防给水及消火栓规范》规定室内外输配水管道,按《建筑给水排水设计规范》采用海澄-威廉公式计算[式(48)]:

$$公式 \text{II}: \qquad i = 2.966 \times 10^{-7} \times \frac{Q^{1.852}}{C^{1.852}d^{4.87}} \qquad (48)$$

式中 i——1 m 管道的水头损失(MPa/m);

　　　Q——流量(L/s);

　　　d——管道内径(m);

　　　C——海澄-威廉系数,镀锌钢管取值为120。

《自喷系统设计规范》(2017年版)采用海澄-威廉公式计算[式(49)]:

$$公式 \text{III}: \qquad i = 6.05 \times 10^7 \times \frac{Q^{1.852}}{C^{1.852}d^{4.87}} \qquad (49)$$

式中 i——1 m 管道的水头损失(kPa/m);

　　　Q——流量(L/min);

　　　d——管道内径(mm);

　　　C——海澄-威廉系数,镀锌钢管取值为120。

采用英制单位表达的海澄-威廉公式[式(50)]:

$$公式 \text{IV}: \qquad i = 4.52 \times \frac{Q^{1.85}}{C^{1.85}/d^{4.87}} \qquad (50)$$

式中 i——1 ft 管道的水头损失(psi/ft);

Q——流量(gpm,即 gal/min);

d——管道内径(in);

C——管道粗糙系数,取值为 120。

管道水头损失计算示例如表 28 所列。

表 28　管道水头损失计算示例

DN/mm		25	32	40	50	65	80	100
d_j/mm		27.3	35.4	41.3	52.7	68.1	80.9	106.3
$Q/(\text{L} \cdot \text{s}^{-1})$		1.3	1.3	2.7	4.0	8.0	10.0	20.0
$v/(\text{m} \cdot \text{s}^{-1})$		2.27	1.35	1.98	1.83	2.20	1.95	2.25
$i/(\text{MPa} \cdot \text{m}^{-1})$	公式Ⅰ	0.005 8	0.001 5	0.002 6	0.001 6	0.001 7	0.001 0	0.001 0
	公式Ⅱ	0.002 9	0.000 8	0.001 4	0.000 9	0.001 0	0.000 6	0.000 6
	公式Ⅲ	0.002 8	0.000 8	0.001 4	0.000 9	0.000 9	0.000 6	0.000 6

上表表明:公式Ⅲ与公式Ⅱ的计算结果一致,明显低于公式Ⅰ的计算结果。

系统中的局部水头损失应采用当量长度法确定。埋地管道为铸铁管道时,铸铁管件的当量长度应相应增大 1/3,即应乘以系数 1.33。

工程设计在计算管道水头损失时,应充分考虑配水管为避让同一层面其他专业管道等水平障碍物而弯上、弯下所增加的弯头,并将增加弯头的局部水头损失计入其中。因此,应在完成管道安装后核算管道的水头损失。

系统的供水压力,应按最不利点喷头的工作压力、供水管道的水头损失以及供水的高程差之和确定。

系统供水泵的扬程应按式(51)计算:

$$H = \sum h + p_y + 0.01Z \tag{51}$$

式中　H——供水泵扬程(MPa);

$\sum h$——系统在设计流量状态下,管道沿程水头损失和局部水头损失之和(MPa);

p_y——最不利点喷头的工作压力(MPa);

Z——供水的高程差,按最不利点喷头与消防水池最低有效水位之间的

136

高程差确定(m)。

水流指示器、报警阀等系统组件以及通用阀门、管件等的局部水头损失,应按产品标准的规定、相应的设计手册或制造商提供的数据取值。《消防给水及消火栓规范》考虑"管道施工时折弯可能不少"以及"某种原因造成局部截面缩小"等因复杂程度和不可预见而发生的管道变更带来的不确定性,提出 $\sum h$ 应取 $1.2 \sim 1.4$ 的安全系数。此外,该规范提出,当资料不全时,局部水头损失可按管道沿程水头损失的 $10\% \sim 30\%$ 估算,消防给水干管和室内消火栓可按 $10\% \sim 20\%$ 计,自动喷水等支管较多时可按 30% 计。

如果按逐点法进行水力计算、施工后进行核算、调试时进行试验的程序,可以逐渐将安全系数的取值降至最低。

确定系统供水泵的选型后,应在选定水泵的特性曲线上标注符合系统设计要求的供水点。系统设计要求的供水点应在水泵特性曲线的高效区。

以中Ⅰ级湿式系统为例,当设置场所的火灾危险等级确定为中Ⅰ级后,确定系统的设计参数:喷水强度应按不小于 $6\ \text{L}/(\text{min} \cdot \text{m}^2)$ 确定,作用面积应按不小于 $160\ \text{m}^2$ 确定,单只 $K = 80$ 喷头的最大保护面积应按 $12.5\ \text{m}^2$ 确定。

$K = 80$ 喷头应用压力应为 $0.1\ \text{MPa}$。最不利作用面积内喷头数 $N = 160/12.5 = 12.8$,确定为 13 只,最不利作用面积的长边按 $L_c = 1.2\sqrt{160} = 15.2\ \text{m}$ 确定,喷头采用正方形布置时最大间距为 $3.6\ \text{m}$。

最不利作用面积内最不利配水支管可同时启用的喷头 $n = 15.2/3.6 = 4.2$,确定为 5 只,次不利配水支管同时启用喷头同样为 5 只,最有利配水支管同时启用喷头为 3 只[图 10(a)]。

当湿式阀开阀流量按 $60\ \text{L/min}$ 设定时,最不利点 $K = 80$ 喷头的应用压力应采用 $0.05\ \text{MPa}$,工作压力应按 $60\ \text{L/min}$ 及公式 $q = k\sqrt{10p}$ 确定为 $p = 0.056\ \text{MPa}$。最不利点处喷水强度按 $6\ \text{L}/(\text{min} \cdot \text{m}^2)$ 的 85% 确定为 $6 \times 0.85 = 5.1\ \text{L}/(\text{min} \cdot \text{m}^2)$,单只喷头的保护面积按 $60/5.1$ 确定为 $12\ \text{m}^2$。喷头按长方形布置,配水支管上喷头间距取 $3.6\ \text{m}$,配水支管间距按 $12/3.6$ 确定为 $3.4\ \text{m}$,最不利作用面积内喷头数量按 $N = 160/12 = 13.3$,确定为 14 只,3 根配水支管上同时启用的喷头数量依次为 5 只、5 只和 4 只[图 10(b)]。

按前述的水力计算方法确定系统的设计流量、管道水头损失以及供水压力后,确定供水泵的选型。

与此同时,应设定应急流量、初期流量,计算相应的供水压力,确定高位消防水箱的功能、选型及设置高度。若稳压设施采用气压给水设备,应确定气压水罐的选型、安装位置及相应的消防工作压力。

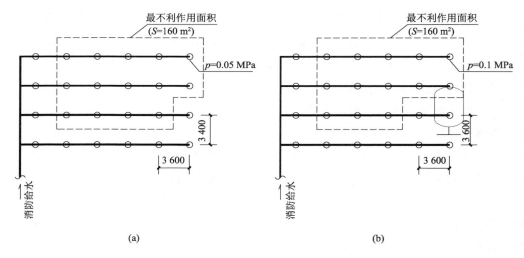

图 10 闭式自喷系统最不利作用面积示意图

当系统设置应急供水稳压设施时,应在水力计算中确定稳压设施的应急供水能力,包括同时启用喷头的数量和位置、应急供水流量和相应的应急供水压力以及储水量等;当系统设置初期供水稳压设施时,应计算确定初期供水能力,包括同时启用 4 只喷头的初期流量及相应的初期供水压力以及储水量等。

采用 $K = 80$ 喷头的自喷系统,当最不利点喷头的应用压力采用 0.05 MPa时,可降低高位消防水箱的设置高度和气压水罐的消防工作压力。按经济流速确定配水管道的管径、适当放大供水不利区域配水管道的管径,可降低相应配水管道的水头损失。

相同危险等级的建筑物具体情况各不相同,系统的配水管道也可有多种布置形式,以致系统的流量和供水压力不尽相同,因此应通过水力计算确定。

2.5.8 湿式阀的设置

各类自喷系统均应设置报警阀组,并应设在有利于系统启动、便于安装检修并配有排水设施的地点。

湿式阀的安装位置应由工程设计确定,并应符合设定的开阀条件:系统稳压时,湿式阀入口压力应符合设定值并应与设定的开阀流量相匹配;最不利点喷头的静水压力应符合设定值,应能使闭式喷头开启后形成的系统流量符合设定的开阀流量。

$K = 80$ 喷头湿式系统中湿式阀的设置地点如下:

(1) 当最不利点喷头的应用压力采用 0.05 MPa 时,湿式阀的开阀流量应优先按 60 L/min 设定,最不利点喷头的工作压力也应按流量不小于 60 L/min 设定,湿式阀的设置地点应按湿式阀入口压力接近但不大于 0.14 MPa 确定。

(2) 当最不利点喷头的应用压力采用 0.10 MPa 时,湿式阀的开阀流量应按 80 L/min 设定,最不利点喷头的工作压力应按流量不小于 80 L/min 设定,湿式阀的设置地点应按湿式阀入口压力接近但不大于 0.70 MPa 确定。

(3) 当湿式阀设置在入口压力大于 0.14 MPa 但不超过 0.70 MPa 的地点时,湿式阀的开阀流量介于 60 L/min 与 80 L/min 之间,最不利点喷头的应用压力若采用 0.05 MPa,则开启湿式阀的不利条件应按开启 2 只闭式喷头设定。

(4) 当湿式阀设置在入口压力介于 0.70 MPa 与湿式阀额定工作压力之间的地点时,湿式阀的选型应符合额定工作压力的要求,湿式阀的开阀流量介于 80 L/min 与 170 L/min 之间,最不利点喷头的应用压力应按不小于 0.05 MPa 但不超过 0.10 MPa 确定,并应依据稳压状态下的湿式阀入口压力,确定开启湿式阀所需同时启用的闭式喷头数量。

开启湿式阀的入口压力 P_R 与出口压力 P_C 的关系应符合式(52):

$$\frac{P_R}{P_C} \geqslant 1.16 \tag{52}$$

湿式阀出口压力(P_C)=最不利点喷头在设定开阀流量下的工作压力(P_g)+自湿式阀出口输送设定开阀流量至最不利点喷头的水头损失(I_1)+最不利点喷头与湿式阀出口之间的高程差(H)。其中,最不利点喷头低于湿式阀出口时 H 应取负值。

湿式阀入口压力(P_R)=稳压状态下湿式阀入口静水压力(P_R)-自供水点输送设定开阀流量至湿式阀入口的水头损失(I_2)。

稳压设施应保证闭式喷头开启后的工作压力。为开启湿式阀设定的同时启用喷头的数量少,不仅可及时开启湿式阀,而且可减轻稳压设施的负担;为开启湿式阀设定的同时启用喷头的数量多,不仅会推迟开启湿式阀的时间,而且加重稳压设施的负担,但可以不轻易启动消防供水泵。

开启 2 只工作压力为 0.05 MPa 的 $K = 80$ 喷头或者开启 1 只工作压力为 0.10 MPa 的 $K = 115$ 喷头后的系统流量约为 120 L/min,开启 2 只工作压力为 0.10 MPa 的 $K = 80$ 喷头或者开启 1 只工作压力为 0.10 MPa 的 $K = 155$ 喷头后的系统流量约为 160 L/min,如果根据湿式阀产品标准按上述数据对湿式阀进行检验,并根据检验数据绘制湿式阀报警流量与开阀压力关系曲线,可确定系统报警流量 120 L/min 和 160 L/min 所对应的湿式阀入口压力,为工程应用提供依据。

一个报警阀所连接喷头的保护区域构成该报警阀的管辖区域。一个报警阀连接、管辖的喷头数量越多,报警阀组例行维护或发生故障时需要关闭的系统范围就越大。限定每个报警阀连接喷头的数量,实际上是为了限制报警阀管辖区域的面积,是一项保障系统可靠性的措施,使报警阀组在例行维护或发生故障时,可以在只关停系统保护范围内一个报警阀管辖区域的条件下进行作业。

当配水支管的上下两侧,同时安装保护吊顶下方空间与上方空间的闭式喷头时,可只将数量较多一侧的喷头,计入辖区报警阀管辖的喷头数量之内。

串联接入湿式系统配水干管的其他自喷系统,应分别设置独立的报警阀组,其连接的喷头数量应计入辖区湿式阀管辖的喷头数量。

《自喷系统设计规范》规定,一个湿式阀连接的 $K = 80$ 闭式喷头数量不宜超过 800 只。按照此项规定,采用 $K = 80$ 喷头的中 I 级湿式系统,一个湿式阀管辖区域的面积最大可达 10 000 m²。

自动灭火系统是利用其自身具备的灭火能力,自动扑救初期火灾的主动消防设施。防火分区则是利用防火墙、楼板等防火分隔设施阻挡火灾和烟气在建筑物内蔓延的被动防火设施。设有自动灭火系统的场所,自动灭火系统应是担当限制火灾范围、降低火灾危害职责的第一道防线,防火分区则应是发挥协助自动灭火系统限制火灾范围、降低火灾危害辅助作用的第二道防线。

基于设置自动灭火系统后可明显提高建筑物防火能力的原则,原《建规》和原《高规》均有"设有自动灭火系统的民用建筑,防火分区的建筑面积可增加一倍"的规定。现行的《建规》对民用建筑防火分区最大允许建筑面积的规定见

表 29。

表 29　民用建筑防火分区的最大允许建筑面积

建筑类型	耐火等级	允许建筑高度或层数	防火分区的最大允许建筑面积/m²	备注
高层民用建筑	一、二级	按本规范规定	1 500	体育馆、剧场观众厅的防火分区面积可适当增加
单、多层民用建筑	一、二级	按本规范规定	2 500	—
	三级	5 层	1 200	—
	四级	2 层	600	—
地下、半地下建筑（室）	一级	—	500	设备用房的防火分区面积不应大于 1 000 m²

注：1. 表中数据为防火分区最大允许建筑面积的规定值。当建筑物内设置自动灭火系统时，防火分区面积可按本表的规定值增加 1.0 倍；建筑物内局部设置自动灭火系统时，防火分区的增加面积可按该局部区域面积的 1.0 倍计算。

2. 裙房与高层建筑主体之间设置防火墙时，裙房的防火分区可按单、多层建筑的要求确定。

按上述规定，符合上表规定条件的高层民用建筑，当设置自喷系统时，防火分区面积可由 1 500 m² 增加至 3 000 m²；符合上表规定条件的单、多层民用建筑，防火分区面积最大可增加至 5 000 m²。

防火分区面积可增大至 5 000 m² 的建筑，面积达到 10 000 m² 的场所可划分成两个增大面积的防火分区，两个防火分区之间应做防火分隔，并应在防火设计中妥善处理下列情况：

（1）此类防火分区内的可燃物数量，有可能因防火分区面积的增大而增加，甚至增加一倍，种类也可能更加繁杂，从而使火灾危险性明显增大，因此应根据增大面积防火分区的具体情况，评估设置场所的火灾危险等级及自喷系统的灭火能力。

（2）如果采用防火分隔水幕替代防火墙或防火卷帘分隔两个同属开敞空间的防火分区，当防火分隔水幕系统发生故障或维修时，两个防火分区之间将失去防火分隔物，为此，《自喷系统设计规范》不推荐采用防火分隔水幕分隔开敞空间的设计方法。

民用建筑中两个增大一倍面积的防火分区，如果总面积不超过 10 000 m² 或

者 $K = 80$ 喷头的数量不超过 800 只,则仍然同属于一个湿式阀管辖区域。当湿式系统因发生故障或维修而关闭湿式阀时,两个防火分区将同时失去湿式系统的保护。

每个湿式阀管辖区域的构成,在控制辖区内喷头总数的同时,还应控制同一辖区内同一建筑层面、同一分隔间内喷头的数量,以及辖区内高、低位置喷头的高程差:

(1)采用 $K = 80$ 喷头的中危险级湿式系统,每个湿式阀管辖区域内喷头的总数不应超过 800 只,相当于每个控制 $K = 80$ 喷头的湿式阀,其管辖区域的总面积不得超过 10 000 m^2。

(2)在同一湿式阀管辖区域中,还应限制其中处于同一建筑层面、同一分隔间内 $K = 80$ 喷头的数量不宜超过 400 只,相当于在 $K = 80$ 喷头湿式系统中,每个湿式阀管辖区域控制的同一建筑层面、同一分隔间的面积不宜超过 5 000 m^2。也就是说,当建筑物内同一建筑层面、同一分隔间布置的 $K = 80$ 喷头数量超过 400 只或由 $K = 80$ 喷头保护的同一建筑层面、同一分隔间的面积超过 5 000 m^2 时,应划分为由两个湿式阀分别管辖的区域。

(3)在每个湿式阀管辖区域内,最高位与最低位喷头之间的高程差不得超过 50 m。此举是为了防止同一湿式阀管辖区域内布置在不同建筑层面上喷头的工作压力相差过大。

例如:属于此种情况的某单层公共建筑,火灾危险等级确定为中Ⅱ级,开敞区域的面积接近 10 000 m^2,被划分为两个防火分区,工程设计拟采取防火分隔水幕分隔防火分区。防火分隔水幕拟分段设置,水幕厚度按 6 m、每段水幕的长度按 15 m 确定。防火分隔水幕的设计流量按水幕厚度与水幕长度确定,估算值约为 35 L/s,中Ⅱ危险级湿式系统的设计流量,估算值约为 25 L/s,合计约为 60 L/s。

如果改变设计思路,将用于防火分隔水幕系统的防火水量转换为湿式系统的灭火水量,且湿式系统的设计流量按 60 L/s,设计喷水强度按 8～10 L/(min·m^2)确定,湿式系统的作用面积可达 390～315 m^2,作用面积的长边可达 24～20 m。按此种方法设计的湿式系统,可明显增强湿式系统的灭火能力,因此优于设置防火分隔水幕的设计方法。为了保障系统的可靠性,按此种方法设计的湿式系统应按照"一运一备"的方式设置备用湿式阀组。

2.5.9 水流指示器的设置

相关规范规定,在每一个报警阀的管辖区域内,每个防火分区和每个楼层均应设置水流指示器。无须划分防火分区的单层建筑可不设水流指示器。此项规定应不适用于因设置湿式系统而将面积增大一倍的防火分区。

水流指示器入口前设置的控制阀,应采用信号阀。水流指示器应在配水管道内水的流量达到其报警流量时动作并输出报警信号。当系统中确有闭式喷头动作时,水流指示器与湿式阀组应相继输出报警信号。当水流指示器报警而湿式阀组并不随后报警时,不能断定系统中确有闭式喷头动作,应视为因系统出现明显漏水事故而驱动水流指示器报警。

防火分区内的功能分区或隔间,如果独立设置水流指示器,将有利于分辨起火部位或系统故障点的位置。

2.5.10 管道布置

《自喷系统设计规范》规定配水管道不得设置除喷头以外的其他用水设施,其工作压力不应大于1.2 MPa。

该规范规定自喷系统的配水管道可采用内外壁热镀锌钢管、涂覆钢管、铜管、不锈钢管和氯化聚氯乙烯(PVC-C)管。

自喷系统的供水管道,也就是报警阀入口前的管道,可采用不镀锌的焊接钢管或无缝钢管,当供水管道采用此类管材时,应在供水管道的末端设置过滤器。

管道的连接应采用螺纹、法兰或沟槽式连接件(或称"卡箍")连接。采用内壁不镀锌钢管的供水管道,管端的连接可采用焊接的方法,但焊接连接的管段长度应符合相关规范的规定。

系统供水管道和配水管道的布置和管径的选用,是影响系统供水性能的重要因素,因此是工程设计的一项重要内容。各管段的管径应根据其流量、流速以及水头损失确定。配水管道中水的流速,应按力求喷头工作压力均衡、尽量缩小系统远端与近端供水压力差的原则确定。

《自喷系统设计规范》中的"管径估算表",主要在工程设计中初选配水管道的管径时使用。采用管径估算表初选管段的管径后,应在水力计算中核定供水流量在相应管段中的流速,流速偏大或对供水压力影响较大时应调整管径,在确定各管段水头损失后,最终确定设计流量和供水压力。

短立管及末端试水装置连接管的管径不应小于 DN25 的规定,仅适用于采用 $K = 80$ 喷头的系统。连接 $K = 80$ 喷头的短立管管径一般采用 DN25,当长度有限时,短立管的水头损失可忽略不计。大流量喷头的连接管、短立管,应经水力计算确定管径。DN25 管道水头损失计算示例如表 30 所列。

表 30　DN25 管道水头损失计算示例

喷头流量系数 K	应用压力 /MPa	流量 /(L·s⁻¹)	流速 /(m·s⁻¹)	水头损失 /(MPa·m⁻¹)
80	0.10	1.3	2.3	0.006
160	0.10	2.7	4.7	0.025
200	0.34	6.1	10.7	0.135

注:表中数据按水力计算公式 I 计算。

为了便于充水时能够排尽管道内的空气,应在供水管和配水管的高点处设置排气阀。

为了便于系统检修时能够排尽管道内的积水,水平安装的管道应设有坡度,应在水平管段的低点处设置泄水阀(点),在配水干管的最低点设置排污口。自喷系统应设置末端试水装置。确定管道布置方案后,应绘制系统图和平面布置图等设计图纸。施工中不得以降低造价等理由随意变更系统管道的管径,否则必须重新进行系统水力计算。

施工过程中进行综合管线布置时,自喷系统的水平管道往往会因为避让其他专业的管道或桥架等水平障碍物,形成一些局部下弯的 U 形管段和局部上弯的倒 U 形管段,使系统的管道水头损失增大。为此,完成综合管线布置后应绘制管道竣工图并校核系统的水力计算。此外应按《自喷系统施工规范》的规定对竣工管道进行冲洗和水压试验。

2.5.11　配套临时高压给水系统的设置

闭式自喷系统和采用自动控制启动方式的开式自喷系统,具备自动确认火灾、自动输出报警信号的功能,因此应在确认火灾后立即按工程设计参数对给定区域实施喷水操作。为此,与上述自喷系统配套的临时高压给水系统中的消防供水泵应符合下列要求：①动力配置应符合"不间断动力"要求；②应按满足灭火系统设计流量及相应供水压力选型；③应采用"自动控制"启动方式。

按上述要求设置消防供水泵的临时高压给水系统，应配套设置具备阶段性供水能力的稳压设施。

消防供水泵的动力配置不符合上述要求的临时高压给水系统，应配套设置应急供水稳压设施。

稳压设施应采用高位消防水箱。采用气压给水设备时，其运行参数应按高位消防水箱的设置要求确定。

高位消防水箱的供水压力不足或存在供水欠压区域、气压给水设备的消防水容积不足、允许消防供水泵采用"手动远程控制"启动方式、允许自备发电机采用"手动远程控制"启动方式或人为投入消防供电控制方式，以及动力故障时不能确定恢复供电时间的消防给水系统，由于存在稳压设施不能确保阶段性供水能力、不能确保消防供水泵与稳压设施无缝衔接供水等问题，因此不符合湿式系统的要求，应按确保为湿式系统可靠供水的技术要求予以纠正。

与干式系统、预作用系统配套的消防给水系统，应采用按充水压力确定供水压力的初期供水稳压设施，备用供水泵应按"不间断动力"要求配置。

2.5.12 设计说明书

设计说明书是开展施工、监理、监督、检验、维保工作的重要依据，是相关人员了解给定建筑工程中设置的自喷系统的重要文件，应注明自喷系统应该达到并始终保持的技术性能和参数。

湿式系统的设计说明书应包括以下内容。

1. 设计依据

（1）应依据我国标准《自喷系统设计规范》设计；

（2）当工程设计中的某些环节执行《自喷系统设计规范》以外的其他规范或标准时，应注明相应设计环节所执行的规范或标准；

（3）当设计中采用超出相关规范、标准规定的措施时，应注明支撑所采用措施的技术依据。

2. 设计参数

（1）设置场所的火灾危险等级。

（2）系统类别及其设计喷水强度、作用面积、持续喷水时间等。

（3）闭式喷头溅水盘至顶板的距离、单只喷头的保护面积等。

（4）稳压设施。

①高位消防水箱。类别、供水流量及其最低供水压力、设置高度等。

②气压给水设备。气压水罐的类别、消防水容积、消防工作流量、消防工作压力、启动消防供水泵压力、最低供水水位与最不利点喷头之间的高程差、稳压压力的上限与下限等。稳压泵的类别、启动压力与关停压力。

（5）消防供水泵。主泵启动方式、备用泵启动方式、备用动力启动方式、自动启用消防供水泵需要的时间等。

（6）湿式阀。安装地点、稳压状态下湿式阀入口压力、设定的开阀流量、报警延迟时间、不同流量条件下的局部水头损失等；辖区范围、辖区内喷头数量、与辖区内最不利点喷头之间的高程差、辖区内最高与最低位置喷头的高程差等。

（7）水力计算参数。

① 最不利点喷头的应用压力、设定的工作压力、稳压状态下的静水压力等；

② 系统的设计流量、供水压力、持续供水时间以及总用水量；

③ 系统的初期供水流量、供水压力、持续供水时间以及总用水量；

④ 系统的应急供水流量、供水压力、持续供水时间以及总用水量；

⑤ 消防水池、高位消防水箱的自动补水流量。

（8）检测系统性能的测点数量、位置。

3. 组件与设备的选型

（1）喷头的型号与规格及其流量系数、公称动作温度、安装方式等；

（2）湿式阀的型号与规格、额定工作压力、阀组的配置等；

（3）消防水池的有效容积及相应尺寸（长×宽×高）等；

（4）高位消防水箱的选型、有效容积及相应尺寸（长×宽×高）等；

（5）气压给水设备的选型、气压水罐的总容积、工作压力比、设计工作压力等；

（6）稳压泵的选型、流量、扬程及功率等；

（7）消防供水泵的选型、流量、扬程、功率、动力配置等；

（8）检测仪表、器具的选型与配备等。

2.5.13 其他自喷系统的设计

1. 干式系统的设计

干式系统的优点是应用条件不受环境温度的限制,缺点是存在滞后喷水现象,这会对系统的灭火效能带来不利影响。为此,干式系统的工程设计,应采取限制系统滞后喷水时间的措施。

干式系统的滞后喷水时间,应是自最不利点闭式喷头开启直至干式阀所辖配水管道完成排气、充水,并使最不利点喷头的工作压力达到设计要求所占用的时间。

干式系统配水管道的充水时间,应是自干式阀开启直至其所辖配水管道充满水,并使最不利点喷头的工作压力达到设计要求所占用的时间。

缩短干式系统滞后喷水时间的途径包括:确保干式阀在系统中确有闭式喷头动作后及时开启;控制干式阀所辖配水管道的排气充水时间。具体措施包括:为干式阀配置加速器;限制干式阀所辖配水管道的容积;增大充水阶段的供水流量。此外,应采取增大系统作用面积的方法,补偿滞后喷水现象对系统效能的不利影响。

为此,《自喷系统设计规范》规定:一套干式系统的配水管道,充水时间不宜大于 1 min;系统作用面积应为相应湿式系统的 1.3 倍。

该规范的 1985 年版曾经规定:干式系统配水管道的容积不宜超过 1 500 L,当设有排气装置时,容积不宜超过 3 000 L。

美国标准的相关规定:每个干式阀所辖配水管道的容积不得大于 2 839 L;在保持充气压力的条件下,自干式阀开启至配水管道充满水的时间不应超过 1 min;充水时间如能符合表 31 的要求,每个干式阀所辖配水管道的容积可大于 2 839 L。

表 31 干式系统配水管道的充水时间

危险等级	开放喷头数	最大充水时间/s
住宅	1	15
轻级	1	60
中级	2	50
严重	4	45
仓库	4	40

当干式系统中干式阀所辖配水管道的容积超过 1 893 L 时,干式阀应配备加速器。如果能够保证配水管道的充水时间,干式阀可不配置加速器。当干式系统中干式阀所辖配水管道的容积小于 2 839 L 时,配水管道的充水时间允许按不超过 3 min 确定。

《自喷系统施工规范》规定:一套干式系统的管网容积不应大于 2 900 L;如果干式系统管道的充水时间不大于 1 min,系统管网的容积允许大于 2 900 L。

该规范曾经规定系统允许的最大充水时间不应大于 3 min。

《自动喷水灭火系统设计手册》按充水时间 1 min 提出的一套干式系统所辖配水管道的最大容积列于表 32。

表 32　干式阀所辖配水管道的最大容积

危险等级	轻级	中Ⅰ级	中Ⅱ级	严重Ⅰ级	严重Ⅱ级	仓库Ⅰ级	仓库Ⅱ级	仓库Ⅲ级
喷水强度 $/[L \cdot (min \cdot m^2)^{-1}]$	4	6	8	12	16	12	16	20
作用面积/m^2	208	208	208	338	338	260	390	338
设计流量 $/(L \cdot s^{-1})$	13.9	20.8	27.7	67.6	90.1	52	104	112.7
配水管道容积 /L	832	1 248	1 664	4 056	5 408	3 120	6 240	6 760

注:为简便起见,设计流量按系统作用面积与喷水强度的乘积估算。

配置加速器的干式系统,加速器在闭式喷头开启后动作,干式阀在加速器动作后开启,干式阀开启 1 min 后所辖配水管道应完成排气充水过程。

如果将干式阀的开阀时间按加速器的动作时间 30 s 设定,配水管道的充水时间按 1 min 限定,那么干式系统的滞后喷水时间应不大于 30 s+60 s=90 s=1.5 min。

若将配水管道的充水时间延长至不大于 3 min,则干式系统的滞后喷水时间将增大为不大于 30 s+180 s=210 s=3.5 min,此举意味着允许干式系统在闭式喷头开启后 3.5 min 达到正常喷水状态,将使干式系统的灭火负荷明显增大,灭火效能明显降低。

干式阀开启后,在启动消防供水泵期间,由稳压设施为配水管道充水,消防供水泵投入运行后接替稳压设施为配水管道继续充水。因此,稳压设施合并消防供水泵为配水管道充满水的时间不应超过1 min。鉴于此,每个干式阀所辖配水管道的容积,应按1 min内稳压设施与消防供水泵相继充水的总供水量确定,即稳压设施供水流量×消防供水泵启动时间+消防供水泵供水流量×(60-消防供水泵启动时间)。

按上述方法确定的1 min充水时间的供水量,应作为确定干式系统配水管道最大容积的依据。

根据上述分析,每个干式阀所辖配水管道的最大容积,应按下列要求确定:

(1)应首先确定稳压设施的供水流量,并按供水流量与消防供水泵启动时间的乘积确定稳压设施的充水量;

(2)消防供水泵的充水流量应按系统设计流量确定,充水时间应按1 min内扣除消防供水泵启动时间确定,充水量应按充水流量与充水时间的乘积确定;

(3)1 min充水量应按稳压设施与消防供水泵相继供水的供水量之和确定;

(4)干式阀所辖配水管道的最大容积应按1 min充水量确定。

综上所述,表31提出的每个干式阀所辖配水管道的最大容积应作相应调整。

按干式系统设计流量选型的消防供水泵,如果不能在1 min的充水时间内协同稳压设施为配水管道充满水,应按既能满足系统设计流量,又能协同稳压设施在1 min之内为配水管道充满水的要求,采取下列措施:①变更消防供水泵的选型;②提高稳压设施的供水能力;③分区设置干式系统。其中,分区设置干式系统的要求:每个分区独立设置干式阀组;配水管道的容积,按1 min之内稳压设施与消防供水泵相继供水的供水量之和确定。

各个分区之间应设置耐火极限不小于1 h的防火分隔设施。

防火分隔设施是重要的建筑消防设施,具有限制火灾范围的作用。若将一个干式阀所管辖的配水管道全部布置在同一个分隔间内,同时限制总容积不超过2900 L,而且分隔间围护结构的耐火极限不低于干式系统的持续喷水时间,则可发挥协助干式系统限制火灾范围的作用。一个干式阀所辖配水管道的充水时间,美国标准规定可延长至不超过3 min。因此,当参照美国标准,将干式阀所辖配水管道的充水时间延长至不大于3 min时,应限定干式阀所辖配水管道的总容积不得超过2 900 L,而且必须全部布置在同一个分隔间内,同时分隔间围护结构的耐火极限应不得低于 1 h。

干式系统稳压时,供水管道保持的稳压压力应根据稳压设施为配水管道充水时的供水压力确定,配水管道内压缩空气保持的压力应根据干式阀入口保持的水压确定。

稳压设施向配水管道供水时的干式阀入口压力,应等于最不利点喷头的应用压力与稳压设施向最不利区域输送充水流量时干式阀入口至最不利点喷头之间的水头损失以及二者间高程差的叠加值,并且不得低于 0.14 MPa。确定稳压状态下干式阀入口压力后,应按制造商提供的数据表或曲线图确定干式阀所辖配水管道内的充气压力。

配水管道上设置的快速排气阀,应能在配水管道充水时,按充水流量等量排出配水管道内的压缩空气,应根据配水管道的容积及设定的充水时间,确定排气阀的排气流量、选型及数量。

干式系统配水管道上安装的压力开关,用于监测配水管道内的气压以及输出启动与关停补气设施的信号。快速排气阀应与电动控制阀成组安装。

2. 预作用系统的设计

单连锁预作用系统应在接收火灾自动报警系统输出的"确认火灾"信号后,启动为预作用阀组所辖配水管道充水的操作,并应在闭式喷头动作前使配水管道充满水。为此,预作用阀组所辖配水管道的充水时间,应等于系统自"干管"状态转换为"湿管"状态所占用的时间,也就是自雨淋阀开启至闭式喷头开启所占用的时间,同样受预作用阀组所辖配水管道的容积和充水流量的制约。

与干式系统比较,单连锁预作用系统配水管道开始充水的时间,由闭式喷头开启提前至火灾自动报警系统输出"确认火灾"信号。《自喷系统设计规范》规定,单连锁预作用系统配水管道的容积应按充水时间不超过 2 min 确定。

预作用阀组所辖配水管道的最大容积及相应充水流量的确定方法与干式系统类似,雨淋阀开启后由稳压设施为配水管道输送充水流量,消防供水泵投入运行后接替稳压设施继续为配水管道充水。2 min 限定时间内的充水量及相应的配水管道容积,应按稳压设施与消防供水泵相继充水的供水量之和确定。

对于配水管道内充有用于检测管道严密性的有压气体的单连锁预作用系统,相关规范规定:配水管道内的气压不宜小于 0.03 MPa,且不宜大于

0.05 MPa。

双连锁预作用系统和无连锁预作用系统,预作用阀组所辖配水管道的充水时间应执行干式系统的有关规定。

3. 自动雨淋系统的设计

干式系统和预作用系统为了使开启的闭式喷头及时按设定强度对给定区域持续喷水,采取的限制报警阀所辖配水管道最大容积的方法同样适用于雨淋系统。雨淋系统采用同样的方法,通过限制雨淋阀所辖配水管道的容积控制配水管道的充水时间,使一组开式喷头及时按设定强度对给定区域持续喷水,同时通过限制系统的作用面积,控制一次灭火的用水量和减少不必要的水渍损失。

雨淋阀所辖配水管道的充水时间,应是自接收火灾自动报警系统"确认火灾"信号后按"自动控制"方式开启雨淋阀起,至最不利点喷头达到设定工作压力的时间。

按照相关规范的规定,雨淋系统作用面积应按湿式系统的规定确定,雨淋阀所辖配水管道的充水时间不应超过 2 min。

以上各类自喷系统报警阀所辖配水管道的充水时间,均应等于自报警阀开启至配水管道充满水并达到设定压力的时间。

雨淋系统也可采取分区设置、逻辑控制的设计方法,控制喷水面积和配水管道的充水时间。

城市隧道中分区设置的采用双喷嘴侧喷喷头并可喷洒泡沫混合液的自动雨淋系统,保护区域具有长度与宽度之比(长细比)很大的特点,应在工程设计中明确,并在验收时通过试验确认下列技术性能及参数:

(1)同时喷水分区的逻辑控制关系;

(2)每个雨淋阀所辖配水管道的充水和充泡沫混合液的时间;

(3)喷水(泡沫混合液)强度;

(4)泡沫混合液的混合比。

2.6 自喷系统及其消防给水的检验

2.6.1 检验目的及内容

自喷系统的运行包括系统稳压、启动、喷水、供水等环节。自喷系统及其消防给水系统的性能,可以通过考核系统的运行状态及相关参数,判断其能否在设置场所发生火灾时实现可靠投入的预期目的。

系统运行状态及相关参数的检验,应包括下列内容:

(1)系统稳压状态及相关参数的检验;

(2)系统启动过程及相关参数的检验;

(3)系统供水能力及相关参数的检验。

完成安装的系统应进行调试。系统的调试应将自喷系统及其消防给水系统的稳压状态、启动过程、供水能力以及相关参数,整合至符合消防技术规范、产品标准以及工程设计确定的技术条件和运行状态。

系统投入使用前应进行验收。系统的验收应确认系统施工与调试过程正确,并将经调试、标定并经验收确认的系统稳压、启动、喷水、供水等过程以及相关参数,作为系统投入使用后检验其运行状态是否正常、运行参数是否正确的依据。

投入使用后的系统应进行日常巡检和定期的检验与维护,应使系统的运行保持经调试、标定并经验收确认的状态及参数。

以湿式系统为例,应检验的内容如下:

(1)稳压状态。

① 末端试水装置的静水压力、湿式阀入口压力以及末端试水装置处于全开状态时的出水压力;

② 消防供水泵的启动方式应设置在"自动控制"档位。

(2)启动过程。

① 全开末端试水装置后由稳压设施自动供水的出水压力,水流指示器应动作并输出信号;

② 模拟设定的报警流量时末端试水装置的出水压力;

③ 湿式阀的开启时间、报警延迟时间、水力警铃的报警声强;

④ 自开启末端试水装置直至消防供水泵投入运行所占用的时间、相应的末端试水装置的出水压力。

(3)消防给水。

① 稳压设施的供水能力以及湿式系统的过水能力;

② 消防供水泵的供水能力以及湿式系统的过水能力。

系统的调试和验收以及年检与大修、改造,应在对系统的运行状态和相关参数进行全面检验后,提交包括检验项目、检验过程描述、实测数据和检验结论等内容的检验报告。系统调试报告和工程验收报告,应作为系统投入使用后进行重复检验的依据。

2.6.2 相关规范的规定

《消防给水及消火栓规范》规定:

消防水泵生产厂商应提供完整的水泵流量扬程性能曲线,并应标示流量、扬程、气蚀余量、功率和效率等参数。

一组消防泵应在消防水泵房内设置流量(精度 0.4 级)和压力(精度 0.5 级)测试装置。

消防水泵安装后应进行现场性能测试,确认消防水泵的流量和压力性能与生产厂商提供的数据相符,并应满足消防给水流量和压力的要求。

以自动或手动直接启动消防水泵时,消防水泵应在 55 s 内投入正常运行,以备用电源切换方式或备用泵切换方式启动消防水泵时,消防水泵应分别在 1 min 或 2 min 内投入正常运行。

验收时,采用固定式或移动式流量计和压力表测试消防水泵的性能应符合设计要求,检验消防水泵的动力和自动控制等的可靠程度,即系统动作信号装置,如压力开关、按键等能否自动启动消防水泵,主备电源切换及启动是否安全可靠等。

消防给水系统流量、压力的验收,应通过系统流量、压力检测装置和末端试水装置进行放水试验,系统流量、压力和消火栓充实水柱应符合设计要求。

试验消火栓动作时应检测消防水泵完成自动启动的时间,测试其出流量、压力和水枪充实水柱长度,并应根据水泵性能曲线核实供水能力等。

归纳该规范规定的检验项目如下。

1. 消防供水泵的检验

(1)确认消防供水泵的选型及其供水流量、供水压力符合工程设计要求;

(2)在"自动控制"或"手动远程控制"启动方式条件下,输入启泵信号后电动泵的启动时间不应超过 55 s;

(3)具备双电源供电系统的消防供水泵,包括自动切换启动备用供水泵的

时间,不应超过 2 min;

（4）通过系统动作信号装置,如压力开关、按键等检验自动启动消防水泵,切换及启动主备电源的信号传输是否安全可靠等。

2. 消防给水系统的检验

（1）启用室内消火栓后自动启动消防供水泵的时间;

（2）通过系统流量、压力检测装置和末端试水装置进行放水试验,检验系统的流量与压力以及室内消火栓配套水枪的充实水柱长度等。

该规范在规定检验项目的同时,应同时规定相应的试验条件和试验方法,以便使系统的调试和验收能够按照标准规定的、统一的条件和方法进行,并且既要实测单体水泵的可靠性,也要实测水泵机组的可靠性,既要检验水泵的供水能力,也要检验系统的过水能力。

《自喷系统施工规范》规定,应在系统中安装由压力表、流量计及排水装置组成的"系统流量压力检测装置"(图 11),同时规定该装置测试的流量、压力应符合设计要求,检测装置的过水能力应与系统的过水能力一致。

在工程案例中,按《自喷系统施工规范》规定安装"系统流量压力检测装置"的做法,往往是在湿式阀出口附近的配水干管上安装三通,在由三通引出的管道上安装流量计,并将流量计的出水按明排方式接入排水设施。

按上述做法设置的检测装置,检测系统供水能力的方法如下:

（1）在系统充满水的状态下,启动消防供水泵、开启湿式阀。

（2）依据设计资料将流通检测装置的流量调节至系统设计流量的计算值后,供水泵出口与湿式阀出口的压力差不应大于相应管程的水头损失计算值;测量湿式阀入口与出口的压力差(即湿式阀的局部水头损失),不应大于工程设计的设定值。

（3）依据设计资料将湿式阀出口压力调节至该节点的计算压力后,由流量计

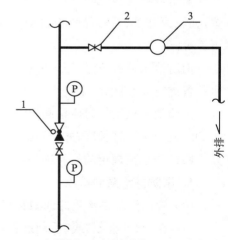

1—报警阀;2—水流控制阀;3—流量计。

图 11　系统流量压力检测装置示意图

测得的流量不应低于系统设计流量的计算值。

按上述做法设置检测装置，由于试验范围仅限于自供水泵出口至湿式阀出口，所以只能检测供水泵的供水性能和自供水泵至湿式阀这一系统局部区段的过水性能，不能说明供水泵向最不利作用面积供水时的系统过水性能。

2.6.3 检验前的准备工作

（1）备齐系统的设计、施工和验收资料以及系统中组件、设备等的产品资料；

（2）备齐并检查用于检验的仪表、器具；

（3）核实喷头的选型，确认喷头的安装正确、状态正常、备品齐全；

（4）查验系统水压试验报告、冲洗报告，检查系统供水管道、配水管道及阀门等器件，确认系统已经充满水、排尽空气，并且无跑、冒、滴、漏现象；

（5）核实消防水池的储水量，确认补水装置正常；

（6）核实高位消防水箱的储水量，确认补水装置正常；

（7）检查稳压泵的选型及状态，核实其启动压力与关停压力的设定值，确认稳压泵的启动、关停操作及运行正常；

（8）检查气压给水设备的选型及状态，核实气压水罐的各个水容积参数以及相应压力参数的设定值；

（9）检查电动供水泵、柴油机供水泵的选型、状态及设定的启动方式，确认供水泵的启动、运行及停机操作正常；

（10）确认消防供电正常，检查自备发电设备的选型、状态及设定的启动方式与投入供电的控制方式，确认其启动、运行及停机操作正常；

（11）检查主备供水泵、主备动力自动切换装置；

（12）核实水流指示器、湿式阀及通用阀门、管道连接件等的选型及额定工作压力，检查水流指示器及其入口阀、湿式阀组（包括湿式阀及其入口阀、延迟器、压力开关、水力警铃、检查阀等）以及末端试水装置的选型及状态应正常；

（13）核实最不利点喷头应用压力的设定值；

（14）核实湿式阀的开阀流量及相应开阀压力的设定值；

（15）填写并提交检验记录。

2.6.4 稳压状态及相应参数的检查

1. 湿式系统稳压状态的检验

（1）末端试水装置的静水压力、湿式阀入口压力以及末端试水装置全开时的出水压力，应符合工程验收确认的数据；

（2）检测的点位应为系统最不利点、其他各楼层、其他各防火分区的末端试水装置以及每个湿式阀；

（3）采用市政供水稳压时，应检验其处于最高（峰值）与最低（低谷）压力时的上述稳压参数；

（4）确认消防供水泵的启动方式设置在"自动控制"档位。

2. 其他检测项目

（1）系统最低点的静水压力；

（2）稳压泵的启动压力、关停压力、启停泵周期；

（3）气压水罐的稳压压力上限、稳压压力下限、出口压力。

3. 其他自喷系统稳压参数的检验

与湿式系统相同或类似的检验项目，参照湿式系统的要求进行检验。

4. 其他检验项目

配水管道平时充压缩空气的系统，核实空气压缩机启动压力、关停压力的设定值，检查空气压缩机的启动、运行、停机操作以及配水管道内的气压值。

（1）检验干式阀组，检验干式阀的入口压力。

（2）检验预作用阀组、雨淋阀组，检验雨淋阀的入口压力。

（3）检验与预作用系统、开式系统配套的火灾自动报警系统的状态，采用传动管系统时，检验其状态和相关参数。

记录各检验项目的实测数据及结论。

2.6.5 $K=80$ 喷头湿式系统启动性能的检验

1. 湿式系统启动过程及相关参数的检验

系统不能按预期顺利启动的原因很多，包括：

（1）闭式喷头未能按时开启，以致系统不能如期启动；

（2）虽然已有闭式喷头开启，但因数量不足，系统流量与湿式阀入口压力并

不匹配,只能在继续开启喷头后才能开启湿式阀;

（3）虽然闭式喷头的开启数量已经符合要求,但由于稳压设施的供水能力不足,使开启喷头的工作压力偏低,不仅不能满足设计喷水强度,而且不足以使湿式阀及时开启;

（4）报警流量设定值偏低,使系统存在误报警和消防供水泵误启动的可能性。

2. 检验目的

在模拟报警流量的条件下,检验系统能否顺利完成包括湿式阀开启、稳压设施持续供水、压力开关和水力警铃报警以及消防供水泵投入运行的启动过程及相关参数。

3. 试验条件

（1）高位消防水箱应处于最高水位。稳压设施采用气压给水设备时气压水罐的稳压压力和出口压力应符合工程设计的设定值;

（2）消防供水泵和稳压泵正常;

（3）末端试水装置处的静水压力与湿式阀入口压力,应符合工程设计的设定值;

（4）系统最不利点喷头处应设置可用于检验系统启动性能的末端试水装置,并应根据设定的开阀流量配备试水接头,设定的开阀流量应分别相当于 1 只或 2 只或 3 只 $K = 80$ 喷头流量,为此应准备 3 个 $K = 80$ 试水接头,或者按相当于 1 只、相当于 2 只和相当于 3 只 $K = 80$ 喷头流量准备试水接头。

最不利点 $K = 80$ 喷头的应用压力按流量不低于 60 L/min 设定、湿式阀入口压力接近但不大于 0.14 MPa 的系统,以及最不利点 $K = 80$ 喷头的应用压力按流量 80 L/min 设定、湿式阀入口压力为 0.14 MPa 至 0.70 MPa 的系统,采用 1 只 $K = 80$ 试水接头的末端试水装置。

最不利点 $K = 80$ 喷头的应用压力按流量 60 L/min 设定,湿式阀入口压力介于 0.14 MPa 与 0.70 MPa 之间的系统,应采用并联安装 2 只 $K = 80$ 试水接头的末端试水装置。

最不利点 $K = 80$ 喷头的应用压力按流量 60 L/min 设定、湿式阀入口压力大于 0.70 MPa 但不大于额定工作压力的系统,应采用并联安装 3 只 $K = 80$ 试水接头的末端试水装置;最不利点 $K = 80$ 喷头的应用压力按流量 80 L/min 设定、湿式阀入口压力大于 0.70 MPa 但不大于额定工作压力的系统,应采用并联安装 2 只 $K = 80$ 试水接头的末端试水装置。

末端试水装置应安装在尽量靠近最不利点喷头的位置。当末端试水装置与最不利点喷头的距离较远、为末端试水装置供水的管道较长时,将对试验产生不利影响。发生上述情况时,应放大最不利点喷头至末端试水装置的供水管的管径,使末端试水装置放水时其供水管的水头损失可被忽略不计,并应由在最不利点喷头附近加装的压力表确认,否则应修正末端试水装置与最不利点喷头之间的出水压力和流量差。图 12 所示为产品标准检验喷头流量的实验装置,试验时要求修正自压力表至喷头之间的静压差。

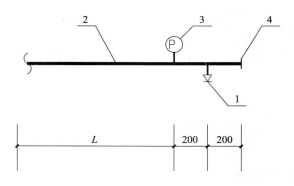

1—喷头;2—供水管;3—压力表;4—盲板。

图 12　测试喷头流量系数与工作压力的标准实验装置

4. 系统的启动过程应符合的要求

(1) 全开末端试水装置后,由稳压设施自动供水的出水压力应符合工程验收确认的数据,水流指示器应动作并输出信号。

(2) 末端试水装置模拟开阀流量时,其出水流量及压力应符合工程验收确认的数据;湿式阀应开启,湿式阀组内压力开关和水力警铃输出信号的延迟时间以及距离水力警铃 3 m 远处的声强,应符合工程验收确认的数据。

(3) 消防供水泵应自动启动并接替稳压设施供水,自动启用消防供水泵所占用的时间应符合工程验收确认的数据。

(4) 自开启末端试水装置直至消防供水泵投入运行期间,末端试水装置的出水压力应符合工程验收确认的数据。

5. 试验步骤及数据

（1）开始试验前记录末端试水装置处静水压力和湿式阀入口压力，全开末端试水装置，记录出水压力，记录辖区水流指示器输出信号的时间；

（2）改用模拟设定报警流量的末端试水装置，全开出水阀后开始计时，并记录试验期间的出水压力及其最高值与最低值；

（3）记录辖区湿式阀开启的时间、辖区湿式阀组报警延迟时间（即压力开关输出信号的时间）；

（4）记录水力警铃发出声响警报的时间以及距离水力警铃 3 m 远处的声强；

（5）关闭末端试水装置，记录其关闭后的静水压力；

（6）确认末端试水装置的出水压力是否始终保持不低于选定应用压力的状态；

（7）记录试验中的电动水泵、柴油机水泵、自备发电机的启动时间，自动切换时间以及自备发电机开始供电的时间；

（8）计算自开启末端试水装置至湿式阀开启、阀组内压力开关输出信号直至供水泵完成启动累计占用的时间。上述累计时间与故障占用时间之和不应大于自动启用消防供水泵需要的时间。

采用 1 只 $K=80$ 试水接头试验的系统，若延迟报警时间内湿式阀组没有按时输出信号，应改用配置 2 只 $K=80$ 试水接头的末端试水装置重复上述试验。完成系统启动试验后，应确认开启湿式阀的最不利条件为系统启用 2 只喷头，同时确认末端试水装置的出水压力能否保持始终不低于选定应用压力的状态。

采用 2 只 $K=80$ 试水接头试验的系统，若延迟报警时间内湿式阀组没有按时输出信号，应改用配置 3 只 $K=80$ 试水接头的末端试水装置重复上述试验。完成系统启动试验后，应确认开启湿式阀的最不利条件为系统启用 3 只喷头，同时确认末端试水装置的出水压力能否保持始终不低于选定应用压力的状态。

末端试水装置的出水压力不符合要求时，应核查系统启动期间稳压设施的供水能力。

2.6.6 其他自喷系统启动过程的检验

1. 检验干式系统启动过程的试验

应在开启末端试水装置后开始计时,并记录下列数据:

(1)加速器的动作时间;

(2)干式阀和电动阀的开启时间;

(3)消防供水泵投入运行的时间;

(4)干式阀配套配水管道的充水时间;

(5)自开启末端试水装置至其出水压力达到选定应用压力的时间。

2. 检验单连锁预作用系统启动过程的试验

应在火灾报警系统输出"确认火灾"信号后开始计时,并记录下列数据:

(1)雨淋阀和电动阀的开启时间;

(2)消防供水泵投入运行的时间;

(3)雨淋阀配套配水管道的充水时间;

(4)自"确认火灾"至末端试水装置的出水压力达到选定应用压力的时间。

3. 采用"自动控制"启动方式的开式系统的检验

(1)应在最不利点处安装末端试水装置或在最不利点喷头处安装压力表;

(2)应在系统试喷时检验系统的启动过程、最不利点喷头的工作压力以及系统的供水流量;

(3)系统试喷时,应在火灾报警系统输出"确认火灾"信号时开始计时,并记录雨淋阀的开启时间、消防供水泵投入运行的时间以及自雨淋阀开启至末端试水装置出水压力达到选定应用压力的时间。

4. 水与泡沫联用系统的检验

应检验启动性能,并应利用末端试水装置检验系统由喷水切换为喷洒泡沫混合液的时间,还应检验泡沫混合液的混合比。如果验收时进行模拟灭火试验,应提交模拟实验报告,并应在模拟实验报告中明确试验条件(应包括油盘尺寸、所处位置和用油量等)、试验过程和实测数据(应包括预燃时间、控火时间等)及结论等。

2.6.7 供水性能的检验

1. 准备工作

采用 $K = 80$ 喷头的湿式系统,检验供水性能的试验应进行以下准备工作:

(1) 应按设计提交的设计说明书、水力计算书确定试验条件,备齐测试用仪表、器具;

(2) 在最不利作用面积内布置测点(图13);

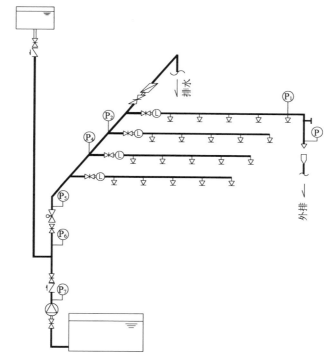

P—末端试水装置压力;P_1—测点①压力;P_2—测点②压力;P_3—测点③压力(略);
P_4—测点④压力;P_5—测点⑤压力;P_6—测点⑥压力;P_7—测点⑦压力。

图13　湿式系统过水性能试验测点布置图

(3) 将最不利点喷头处节点设为测点①;

(4) 将最不利配水支管上靠近末端的 2 只喷头与次不利配水支管上靠近末端的 2 只喷头,设定为初期供水最不利的 4 只喷头。次不利配水支管与配水管的连接点为相应的初期供水入口,并将该节点设为测点②;

161

（5）当设计将相应于应急供水最不利条件下的启用喷头分设在最不利与次不利两根配水支管上时，测点②同时为应急供水入口；

（6）当设计将相应于最不利应急供水条件下的启用喷头分设在最不利的三根配水支管上时，应将相应的应急供水入口设为测点③；

（7）最不利作用面积中位置最有利的配水支管与配水管的连接点，为最不利作用面积的供水入口，将该节点设为测点④；

（8）测点①、测点②、测点③及测点④应安装远传压力表或压力传感器，其入口应安装缓冲器和球阀；

（9）湿式阀的出口与入口分别设为测点⑤和测点⑥；

（10）消防供水泵的出口设为测点⑦；

（11）试验中过水的配水管末端，应依次串联安装明杆式闸阀和蝶阀；

（12）在试验中过水的供水管或配水管上应设置固定式或移动式流量计；

（13）过水配水管末端的出水应按明排方式排入排水设施，或者采用充气式家用游泳池等接水容器收集试验的出水。

施工时应在测点①、测点②、测点③及测点④的位置预留安装压力表的接口和球阀。试验中采用的流量计、压力表的精度与量程按《消防给水及消火栓规范》的要求配备，试验后拆除仪表、关闭球阀，并用丝堵封堵球阀出口。

2. 初期供水稳压设施的检验

1) 试验目的

（1）检验初期供水稳压设施的供水能力及供水时系统的过水能力，包括：向最不利区域输送设定初期流量的最低供水压力、相应的管道水头损失以及湿式阀局部水头损失；

（2）确认初期供水稳压设施的设置符合规范和工程设计要求；

（3）标定系统处于稳压状态时末端试水装置的静水压力和出水压力。

2) 检验初期供水消防水箱的试验方法

系统应处于稳压状态，高位消防水箱应处于最高水位。此时测点①与测点②的静水压力应相等，等于高位水箱最高水位与测点①、测点②之间的高程差，为高位水箱的最高供水压力。

试验前，应使湿式阀处于开启状态、末端试水装置处于关闭状态，并将过水配水管末端的闸阀全关、蝶阀全开。

缓慢开启过水配水管末端的闸阀,将流通过水配水管的流量调节至设定的初期流量后关闭蝶阀。待高位水箱恢复最高水位后迅速全开蝶阀,确认过水流量符合设定的初期流量后,记录测点②、测点①的压力。与此同时,记录设定初期流量下测点⑤、测点⑥的压力,计算相应的湿式阀局部水头损失。

　　过水配水管流通设定初期流量时测点②的实测压力,与稳压状态下测点②的静水压力的压力差,为高位水箱输送设定初期流量至初期供水入口处的水头损失,不应大于相同区段管道水头损失的计算值。

　　设定初期流量下测点②的压力计算值,与消防水箱输送设定初期流量至该测点的水头损失之和,为消防水箱输送设定初期流量的最低供水压力,不应大于消防水箱最低供水水位与最不利出水组件的高程差。

　　按上述方法确定的最低供水压力,如果大于消防水箱最低供水水位与最不利出水组件的高程差,说明消防水箱处于最低供水水位时的供水压力低于设定的初期供水能力,因此应重新标定消防水箱内符合设定初期流量供水压力的最低水位的位置,并以标定的最低供水压力为条件,确定消防水箱内实际可用于初期供水的水量及相应的持续供水时间。

　　消防水箱恢复最高水位、系统恢复稳压状态后,复核测点①的静水压力,检验无误后全开末端试水装置,记录测点①的压力。

　　平时巡检应定期核查稳压状态下关闭和全开末端试水装置时测点①的压力。

　　在消防水箱处于最高水位条件下,如果全开闸阀后流通过水配水管的流量低于工程设计设定的初期流量,说明高位消防水箱的初期供水能力不符合要求。

　　3) 检验初期供水气压给水设备的试验方法

　　采用初期供水气压给水设备作稳压设施的系统,气压水罐应按输送设定初期流量的消防工作压力稳定供水。

　　系统处于稳压状态时,气压给水设备应在设定的稳压压力上限与稳压压力下限之间运行。

　　气压水罐的稳压压力下限与上限应与稳压泵的启动压力与关停压力一致,出水压力应不低于消防工作压力。

　　定压供水的气压给水设备,气压水罐的出水压力应设定为消防工作压力,系统稳压时,测点①的静水压力等于气压给水设备的消防给水压力,应是气压水罐的出水口压力叠加或扣除其对测点①的重力供水压力后的压力。平时测点①与测点②的静水压力相等。

以定压供水为例,当采用前述的试验方法,将流通过水配水管的流量调节至设定初期流量后测取的测点②的压力,应不低于相应的计算值。

设定初期流量下测点②的实测压力与稳压状态下测点②的静水压力之间的压力差为输送设定初期流量至初期供水入口的水头损失,应不大于相应管段水头损失的计算值。记录设定初期流量下测点⑤、测点⑥的压力,计算设定初期流量下湿式阀的局部水头损失。将测点②的压力调节至设定初期流量下的计算值,记录初期流量的实测值,不应低于设定值。

试验结束后,全关闸阀和蝶阀,气压水罐恢复稳压压力,核查末端试水装置的静水压力,记录全开末端试水装置时测点①的压力。

平时巡检应核查稳压状态下关闭和全开末端试水装置时测点①的压力。

设定初期流量下测点②的压力计算值,与气压水罐输送设定初期流量至该测点的水头损失之和,应为气压给水设备对测点②输送设定初期流量的最低供水压力,扣除或叠加气压水罐供水高程差后的供水压力,不应大于气压水罐的消防工作压力。

如果全开闸阀后流通过水配水管的流量低于工程设计设定的初期流量,说明气压给水设备的初期供水能力不符合要求。

3. 应急供水高位水箱的检验

1）试验目的

（1）检验高位消防水箱的应急供水能力及供水时系统的过水能力,包括:向最不利区域输送设定应急供水流量的最低供水压力、相应的管道水头损失以及湿式阀局部水头损失等;

（2）确认应急供水稳压设施的设置符合规范和工程设计要求;

（3）标定稳压状态时关闭与全开末端试水装置时测点①的压力。

2）试验方法

根据系统水力计算时由等待增援供水需要的时间设定的同时启用喷头的数量及位置,确定应急供水流经最不利区域的配水支管,将其中的最有利配水支管与配水管的连接点设定为最不利应急供水入口。当最不利应急供水区域包含两根配水支管时,应急供水入口仍为测点②;当最不利应急供水区域包含三根配水支管时,应将最有利配水支管与配水管的交汇处确定为应急供水入口,并设定为测点③。

系统处于稳压状态时,高位消防水箱应处于最高供水水位。应急供水入口节点处的静水压力等于高位水箱最高水位与应急供水入口节点之间的高程差,为高位水箱的最高供水压力。测点①与应急供水入口节点处的静水压力应相等。

试验前,应使湿式阀开启、末端试水装置关闭,并将过水配水管末端的闸阀全关、蝶阀全开。缓慢开启过水配水管末端的闸阀,将流通过水配水管的流量调节至设定的应急流量后,关闭蝶阀。高位水箱恢复最高供水水位后全开蝶阀,确认流量为设定应急流量后,记录设定应急流量状态下应急供水入口节点处测点的压力表读数。与此同时,记录设定应急流量下测点⑤、测点⑥的压力表读数,计算设定应急流量流通湿式阀的局部水头损失。

流通设定应急流量时,应急供水入口节点的实测压力应不低于相应的计算压力,其与稳压状态下该测点静水压力的压力差,为高位消防水箱输送设定应急流量至应急供水入口的管道水头损失,不应大于经水力计算确定的计算值。

流通设定应急流量时,应急供水入口节点的计算压力与高位消防水箱输送设定应急流量至该测点的水头损失之和,为高位消防水箱输送设定应急流量的最低供水压力。

按上述方法确定的最低供水压力,如果大于高位消防水箱最低供水水位与最不利出水组件的高程差,说明高位消防水箱处于最低供水水位时的供水能力低于设定的应急供水能力。出现此类情况时,应重新标定高位消防水箱内具备设定应急供水能力的最低水位的位置,并以标定的最低供水压力为条件,确定高位消防水箱内实际可用于应急供水的水量以及相应的持续供水时间。

如果全开闸阀后流通过水配水管的流量小于工程设计设定的应急流量,说明高位消防水箱的应急供水能力不符合要求。

消防水箱恢复最高水位、系统恢复稳压状态后,复核末端试水装置的静水压力,检验无误后全开末端试水装置,记录测点①的压力。

平时巡检应定期核查稳压状态下关闭与全开末端试水装置时测点①的压力。

应急供水气压给水设备的检验,参照上述试验方法进行。

4. 消防供水泵供水时系统过水状态的检验

1) 试验目的

(1)检验消防供水泵的供水能力及系统的过水状态,包括:输送设计流量时

最不利作用面积入口的压力、相应的管道水头损失、湿式阀局部水头损失,供水泵出口压力等;

（2）标定用于平时巡检的末端试水装置的静水压力和出水压力。

2）试验方法

试验前,系统应保持稳压压力,应使湿式阀开启,末端试水装置关闭,过水配水管末端的闸阀应全关、蝶阀应全开。

供水泵投入运行后,逐渐开启闸阀,将过水配水管的流量调节至设定的设计流量,记录开启闸阀前后测点①、测点④、测点⑤、测点⑥、测点⑦的压力表读数。测点④与测点⑦的压力实测值之差,为设计流量下自供水泵出口至最不利作用面积入口之间的管道水头损失实测值,不应大于相应管段水头损失的计算值。测点⑤与测点⑥的压力实测值之差为设计流量下湿式阀局部水头损失的实测值,不应大于用于水力计算的设定值。调节测点④的压力至该节点压力的计算值,记录实测流量值,不应小于设计流量的计算值。开启末端试水装置并关闭配水管末端的闸阀后,记录消防供水泵运行时测点①的压力,用于平时巡检。

完成上述试验后,关闭末端试水装置,关停供水泵。

系统竣工、验收、年检以及系统大修、改建、改造后的调试、验收,应进行检验系统供水性能的试验。平时检验消防供水泵运行状况时,应同时记录关闭与全开末端试水装置条件下测点①的压力。

开式系统同样应该进行检验系统供水性能的试验。可在开式系统完成水压试验后进行试喷时,检验系统的启动性能和供水能力。应事先在系统中设置测点①、测点④,在检验系统供水能力的试验中检验、记录测点①、测点④、测点⑤、测点⑥、测点⑦的压力表读数,确认其是否符合设计要求。

以上试验应依据设计说明书和水力计算书确定试验条件,试验时应记录试验过程及试验数据,完成试验后应提交试验报告。记录的试验过程和试验数据,应与设计说明书提出的技术要求以及水力计算书中提出的流量与节点压力相比对,比对结果应作为判断交付使用的自喷系统是否符合工程设计要求的依据。

参考文献

［1］中华人民共和国住房和城乡建设部,中华人民共和国国家质量监督检验检疫总局.建筑设计防火规范：GB 50016—2014［S］.北京：中国计划出版社,2015.

［2］中华人民共和国建设部,中华人民共和国国家质量监督检验检疫总局.建筑设计防火规范：GB 50016—2006［S］.北京：中国计划出版社,2006.

［3］国家技术监督局,中华人民共和国建设部.高层民用建筑设计防火规范：GB 50045—95(2005年版)［S］.北京：中国计划出版社,2005.

［4］国家技术监督局,中华人民共和国建设部.自动喷水灭火系统设计规范：GB 50084—2001(2005年版)［S］.北京：中国计划出版社,2005.

［5］中华人民共和国建设部,中华人民共和国国家质量监督检验检疫总局.自动喷水灭火系统施工及验收规范：GB 50261—2005［S］.北京：中国计划出版社,2005.

［6］中华人民共和国国家质量监督检验检疫总局.自动喷水灭火系统：GB 5135—2003［S］.中国标准出版社,2004.

［7］中华人民共和国住房和城乡建设部,中华人民共和国国家质量监督检验检疫总局.消防给水及消火栓系统技术规范：GB 50974—2014［S］.北京：中国计划出版社,2014.

［8］上海市建筑建材业市场管理总站.民用建筑水灭火系统设计规程：DGJ 08-94—2007［S］.2007.

［9］中国建筑设计研究院.建筑给水排水设计手册［M］.2版.北京：中国建筑工业出版社,2008.

［10］中华人民共和国公安部.固定消防给水设备的性能要求和试验方法 第1部分：消防气压给水设备：GA30.1—2002［S］.北京：中国标准出版社,2003.

［11］王正君,韩梅.水力学［M］.北京：中国质检出版社,2014.

附录　公制与英制单位换算

1 in = 2.54 cm，1 in² = 6.452 cm²

1 ft = 30.48 cm，1 ft² = 0.092 9 m²

1 lb = 0.454 kg

$n℃ = 1.8n + 32(℉)$

$m℉ = 5(m - 32)/9(℃)$（注：℃—摄氏温度，℉—华氏温度）

1 gal(美) = 3.785 L，1 L = 0.264 gal(美)

1 psi(lb/in²) = 0.068 atm = 0.069 bar = 0.006 9 MPa = 0.07 kg/cm²
$\qquad\qquad$ = 0.7 mH₂O

1 MPa = 157 psi

1 bar = 1 atm = 0.1 MPa

1 atm = 1.013 bar

1 kgf/m² = 0.098 MPa = 14.223 psi

1 mH₂O = 0.009 8 MPa

1 kW = 1.341 马力

1 kW·h = 3 413 Btu(Btu— 英热单位)